假仙生物
日記簿

黃仕傑 著

目 錄

審訂序　顏聖紘 教授 ——————————— 004

推薦序　楊平世 教授 ——————————— 006

推薦序　詹美鈴 博士 ——————————— 008

0　生存策略 ——————————————— 010

1　大自然的偽裝課 ——————————— 012

跟著阿傑找！破解隱身術口訣 ——————— 014

破解祕技 1 轉 ————————————— 016

破解祕技 2 動 ————————————— 018

破解祕技 3 停 ————————————— 020

破解祕技 4 看 ————————————— 022

破解祕技 5 聽 ————————————— 024

2　大自然超級變變變 ————————— 026

變身樹葉 ——————————————— 028

變身樹枝 ——————————————— 036

變身樹皮 ——————————————— 042

變身地衣苔蘚 ————————————— 046

變身便便 ——————————————— 052

不能吃的怪東西 ———————————— 056

最強裝死 X 偽裝術 ——————————— 058

日本姬螳裝死的有趣觀察 ———————— 062

3　跟著阿傑尋找偽裝高手 ——————— 064

從泰國開始：一撮苔蘚開啟我的偽裝生物世界觀 —— 066

返回台灣：原來你們都在這 ——————— 070

前進婆羅洲沙巴：完美地衣 ——————— 076

驚艷海南島：難忘的發現 ———————— 080

我是苔蘚，我是苔蘚：腐葉螽 —————— 084

是蟲還是葉子 ————————————— 090

昆蟲界的羅馬武士 — 100

莫西干葉菱蝗 — 104

還有什麼方式的擬態？ — 110

4 樹枝精靈：竹節蟲目 — 112

別騙我！這就是一片葉子！非典型竹節蟲 — 122

國王新衣的變色機制 — 128

5 植物會吃肉？螳螂目 — 130

螳螂世界的模王大道 — 132

偽裝跟花朵的連結 — 138

6 刺吸式口器：半翅目 — 144

超狂水中偽裝者 — 146

角蟬的真實世界 — 150

7 無論日夜都翩翩飛舞的仙子：鱗翅目 — 156

蝶蛾類變變變！ — 158

毛毛蟲到底有毛沒毛？ — 164

8 爾虞我詐的象鼻蟲世界：鞘翅目 — 170

9 蜘蛛是自然環境的指標生物：蛛形綱 — 176

10 沒曬太陽就冷冷的兩棲爬蟲 — 186

蛇蛇蛙蛙捉迷藏 — 188

刺刺王 - 魔蜥 — 196

變色龍與葉尾守宮誰比較厲害？ — 200

11 要狠要毒又要隱身：海中怪客 — 206

後記 — 222

複雜的「生物保護色」

顏聖紘

國立中山大學生物科學系 副教授

在台灣的科普書上，「生物的保護色」（protective coloration）一直被一種不精準的方式介紹出場，以致讀者經常分不清楚偽裝（camouflage）、隱蔽（crypsis）、干擾性體色（disruptive coloration）、扮裝（masquerade）、警戒（aposematism）與擬態（mimicry）之間的分野，進而衍生許多混亂的解釋。就生態學的觀點來說，「保護色」只是生物藉由改變或操控視覺訊息（visual signal）來愚弄天敵進而保護自己的策略之一。但是在自然界中獵物所能具備的「保護」不僅涉及視覺訊息，還有物理性的保護（physical protection），例如尖刺與硬殼，行動（motion）、聽覺（auditory sense）與嗅覺（olfaction）。當我們瞭解生物能保護自己的策略可涉及這麼多感知系統後，我們才能再把所謂的「保護」區分為「偽裝」與「警戒」兩類。

視覺上的「偽裝」通常可藉由三種主要的策略來欺敵，也就是隱蔽（融入環境背景）、干擾性體色（可破壞生物的輪廓）與扮飾（使用外加材料讓敵人無法識別）。至於「警戒」呢？則是獵物的某一種特質讓掠食者認為花時間捕食或追捕它並沒有效益（unprofitable），進而把這種負面經驗與該獵物的某種特質連結起來，進而在經驗上形成一種「教訓」（lesson），而這樣的教訓還能讓掠食者從此降低對該獵物的攻擊時，「警戒性」就形成了。

至於「擬態」（mimicry）又是什麼呢？我們千萬不能把偽裝、警戒與擬態混為一談，這是因為「偽裝」的功能是在降低掠食者偵測到獵物存在的機率，而「警戒」反而是掠食者必須看見、聽見、或聞到獵物並因此馬上聯想起負面的經驗而迴避獵物。至於「擬態」則是一種掠食者，或是一種獵物，藉由拷貝其「模型」（model）的警戒訊息而愚弄掠食者或獵物並獲得利益的關係。

由於這些自然現象涉及了複雜的行為學、心理學、化學生態、形態學、發育學、演化學等科學領域，甚至還能因仿生科技的發展而步入應用，因此自 19 世紀開始至今便成為全球的生物學者都很感興趣的議題，而我們研究室也是亞洲少數以擬態生物學為研究主題的研究群。

黃仕傑先生是我多年的好友，他有絕佳的自然觀察、攝影與說故事的功力，當他在 2019 年發表《不可思議！讓你猜不透的生物偽裝術》以後，我就非常希望他能夠再寫一本內容更豐富，能涵蓋更多生物類群，並引介近年科學研究新知的生物偽裝科普書。他很快地就在 2023 年初讓我先睹草稿。仕傑拍攝的品質一向很好，多數照片也都是他多年來上山下海辛苦所得，因此當他找我審訂這本書時，我便與他討論究竟要使用什麼樣的方式來介紹這麼複雜的現象以及各種生物間的關係？經過幾次討論以後，我們認為一本知識深度稍微複雜的科普書，不宜以太過燒腦的學術理論來嚇退讀者，因此在內容結構上採用先說明各種學說的基礎定義，然後輔以許多案例讓讀者大開眼界。讓讀者知曉基礎知識之後，再加上一些有待研究的例外。在書中還特別穿插了仕傑在東南亞各地尋找隱蔽性絕佳的各種螽蟖的行腳紀錄。這樣的結構讓讀者讀起來比較輕鬆。

我很高興有這樣的機會能夠審訂這本有趣的新書，我也期待仕傑下次的新書能夠挑戰最複雜最燒腦的擬態現象。

您會喜歡的《假仙生物日記簿》

楊平世

國立臺灣大學生物資源暨農學院 名譽教授

「熱血阿傑」又出書了！我已經記不清他總共出版多少本書，但相信這一本書一定會在生態界和動物圈引起騷動，叫好又叫座！

光看書名「假仙生物日記簿」，就知道是一本圖文並茂、十分吸引人的書籍；內容全都是他走訪婆羅洲沙巴、泰國清邁、海南島和台灣各地，在叢林及海邊記錄有關昆蟲和其他動物的保護色和擬態之珍貴圖像，並輔以文字說明。

在我的教學生涯中，昆蟲的保護色和擬態可以說是最吸引學生的題材，尤其是一張張保護色和擬態的圖片，常引起學生驚訝聲四起；特別是對一般民眾和小學生的演講，保護色和擬態也是最吸睛的素材。

「熱血阿傑」的觀察能力和攝影功夫一流，他能把身懷保護色和擬態功夫的昆蟲、動物忠實記錄下來，並以阿傑慣用的逗趣寫法，讓讀者一目了然，會心一笑。像「木頭人—樹枝精靈」、「大自然超級變變變」、「狠毒又隱身」、「變身的樹皮」、「變身的樹枝」和「變身的糞便」全都引人入勝！另外，他也教大家如何從動物棲身環境中「破解」動物的存在，也就是「轉、動、停、看、聽」，讓更多人在自然中享受「發現」的樂趣。

這本有趣和實境記錄的書不談太多的理論，而是直白介紹各種動物隱身術和變身的功夫；而且，這本生態書不是只介紹昆蟲，還記錄同樣有隱身功夫的兩爬、魚、蝦、螃蟹和章魚等海洋生物，只要您用心，在台灣周遭的海岸邊，都能觀察得到。

《假仙生物日記簿》是野外破解動物匿身功夫的秘笈，相信喜歡動物和行為生態的朋友們，一定不會錯過！

宛如藝術畫的生態照

詹美鈴

國立自然科學博物館生物學組副研究員

人類總自詡為萬物之靈，凌駕於其他生物之上，事實上，很多生物擁有的本事和特異功能是人類所望塵莫及，只是我們不願意或沒有能力更進一步去了解它／牠們。其實，人類若能對地球上的生物深入認識與理解，就有機會以這些生物為師，不再因不了解而心生厭惡和恐懼，進而能與萬物共存共榮，永續共享地球資源。

本書作者黃仕傑先生（阿傑）是少數對大自然擁有極大熱情與好奇心的特異人物之一，他總是熱血不停歇地探索與觀察環境中的各種生物，可以快速在雜亂環境中找出各種生物藏身之地，也可持久耐心觀察與記錄動物的有趣行為，就像他能與這些動物溝通對話一般。本書一如阿傑之前出版的書籍，以豐富探索經驗和精采圖片堆疊出生物的美與妙。

多年前，我曾於科博館策畫「福蝶 Formosa」特展，在辦展過程中，需要撰寫展示內容、準備展品、展示標本與規劃動線等，這些工作雖然不簡單，在眾人協助下仍可順利完成。然印象最深刻是在介紹「蝴蝶的行為」內容中，想找大量圖片搭配文字內容，以增加可看性，我當時請了一位活躍於網路或昆蟲相關社群媒體世界的昆蟲系學弟來幫忙尋找相關圖片，學弟搜尋相當久仍找不到合適圖片，我才發現許多行為的生態照拍攝具極高的難度。

本書中的每張圖片都深深吸引我，讓我像著了魔似的想在圖片中找到蟲在哪裡，心裡不斷讚嘆阿傑的拍攝功力與蟲子的怪奇。很難想像阿傑如何在廣闊的大自然中找到這些蟲子，如果沒有好眼力、持久耐心與鍥而不捨的精神是難以達成的。想像一下，每張圖片在拍攝前，必須先花很長時間找尋目標，但這些微小又極其敏感的蟲子又可能因聽到人聲、感到震動或見到人影，就倏地逃走。當蟲子願意賞臉時，又可能因為背景不搭調、光線或天氣不配合，而無法獲得較佳照片。因此，阿傑能累積如此多的精采圖片，且又能完整訴說動物躲藏術與假仙技能的圖片，是跑遍數十個國家，穿越無數動物棲地，耗費難以想像的時間與體力，尋找、發現、等待、拍攝、篩選下產生的心血結晶。如果沒有對動物的極度熱愛，我們一定沒機會看到這些美不勝收如藝術畫般的圖片。

看著本書，彷彿親身跟著阿傑一同旅遊各國，看著他的尋蟲奇蹟，聽著他訴說有趣的動物隱身術口訣、精采的各種變裝術、假仙裝死能力、神奇的擬態技能，還有昆蟲各目的特異功能，範圍涵括昆蟲、蜘蛛、兩棲爬蟲類和水下生物，真的精采絕倫。只要您翻開本書，保證會讀它千遍也不厭倦。

生存策略

　　我在 2012 年出版的《昆蟲臉書》除了以昆蟲的頭（臉）做文章外，也將森林形容為武林，棲息並在裡面生活的昆蟲則是不同門派，各有闖蕩武林的獨門絕技。在大自然的環境中，輕功草上飛（跑得快、飛得高）、武器大師（頭胸角、大顎）、防禦大師（堅硬外殼）金鐘罩鐵布衫、科學家用毒高手（分泌化學物質或毒液）、木頭人（不動神功）、獅吼功（發出聲響）、真功夫拈花擒拿手（螳螂）等等。但在這本書要拉回來稱為「生存策略」，例如：大兜蟲前胸強大的犄角、鍬形蟲如虎口鉗的大顎；獅子、老虎擁有強壯的肌肉爆發力與尖銳的牙齒；毒蛇、虎頭蜂裝備足以致命的毒牙與螫針。以上這些都屬於「武裝化」的生存策略，有些兼具攻擊與防禦的功能，有些則標示著強烈的攻擊屬性，只需一招半式便可置對手於死地。而今天本書中所介紹的，大多屬於「非武裝化」的生存策略。大家可能會覺得很奇怪，沒有武裝的獵物們，要怎麼樣才能在超級掠食者的手下逃出生天呢？我非常喜歡《道德經》中的「柔弱勝剛強」，這短短五個字為生命的軍備競賽下了絕妙的註解。在大自然中，配備先進殺戮武器的掠食者，有時候竟然會被手無寸鐵的獵物騙得團團轉？當自然界的芸芸眾生面對這些配備先進武裝的掠食者時，牠們到底會使用怎麼樣的絕招來與之周旋呢？就讓阿傑帶著各位一起來一趟生存策略之旅！

體表的顏色、花紋、肉棘，與苔蘚完美結合的苔蘚蛙（*Theloderma corticale* 北部灣棱皮樹蛙）

我帶領自然觀察時，
常教導學員需用心觀察，
尤其要留意各種突兀的形狀或樣貌，
例如：一片樹葉怎麼會有觸角，
或是一根樹枝竟然可以立在葉子上。
因為環境中有許多昆蟲動物的外觀、體色、花紋、形狀，
與背景環境相當類似，
若單獨出現在背景單純的環境中，
很容易被看穿。可是當背景環境複雜，
牠們就很容易與環境融合，
難以發現牠們的存在。
許多人問我：要怎麼找到這些昆蟲動物？
除了累積足夠的自然觀察經驗之外，
最好先了解牠們可能會以什麼樣的外觀登場，
做足功課後，
就會更容易在自然環境中找到牠們。

CHAPTER

1

看得出來牠是一隻螽斯嗎？

大自然的偽裝課

跟著阿傑找！破解隱身術口訣

　　每當在大家面前找到一種厲害的偽裝生物，或是在社群媒體上分享各種厲害的偽裝生物，所有人都會嘖嘖稱讚：「阿傑眼睛也太神了！怎麼什麼都能看到，好像天生就能找到牠們？」其實我也不是原本就那麼厲害，而是經過長時間田野調查的訓練，初期是不斷翻閱各種生物圖鑑，藉由基礎的圖像記憶法，增加對於目標生物外觀認知，然後就是勤跑野外磨練觀察功力，一次又一次懷疑與驗證，成就現在的觀察功力。因此我在找尋偽裝生物有一套獨門五字訣「轉、動、停、看、聽」。只要謹記這五字訣，自然可以破解生物的各種障眼法。

對的體色在對的環境中，畫面中有幾隻枯葉螳螂您可以找找看。（馬來半島）

破解祕技 1：轉

　　偽裝生物的隱身能力常超乎想像，除了顏色、斑紋、形狀外，還有各種立體 3D 的外觀，直接與環境融合為一體。在直觀的狀態下會被騙過去，尤其初入門的自然觀察者身上，最容易發現這種的情況，明明偽裝生物就在面前，卻視而不見。這時就要使用轉角度觀察的方式，眼前的事物都是立體，當察覺某部分是可疑的，就要轉不同角度觀察，左右前後甚至上下，很多偽裝生物就會露餡。

1. 滿地的落葉枯枝，乍看之下很難找到什麼。（馬來半島）
2.- 另一個角度就能看出是一隻龍頭螽斯（*Lesina intermedia*）。

1. 苔蘚蛙（*Theloderma corticale*）有著超強隱身術。
2. 轉個角度苔蘚蛙就現形了，那黑亮的眼睛可愛吧！

破解祕技 2：動

　　偽裝生物十之八九很難找，即使你使出混身解數，也常會看不到、找不到、聽到沒看到。這樣的情形大部分是因為你的動作驚擾到牠們，這些偽裝生物會採取各種保命方式，例如趴得更緊、鑽得更深、死都不願意動，來避免可能被你（天敵）發現。這時我會使用一招，緩步但大動作走路，藉由「動」的行為，讓牠們因為稍大的震動或搖晃而現身。但不要誤會，為了保護這些偽裝生物，禁止用力踢打這類動作喔。

1

1. 因為撥動樹枝而跳出的枝螳（Proscopiidae）。（秘魯）
2. 在森林邊緣賞鳥時動作稍大，紅鬚夜蜂虎（*Nyctyornis amictus*）馬上飛至較遠處樹枝。（婆羅洲沙巴）
3. 行走在滿是落葉的步道上，被驚擾跳出的枯葉螳蟲（*Systella* sp.）。（婆羅洲沙巴）
4. 水塘邊尋找水生昆蟲時，被驚擾跳出的澤蛙。（柬埔寨）

破解祕技 3：停

　　許多偽裝生物被干擾後，通常會有一段時間停止活動，這是在自然環境中生活的必要機制。依我的經驗，靜止步通常能獲得很好的效果。我們走路的震動，或碰到樹枝雜草，已經讓偽裝生物開始警戒，建議可以找個地方坐下來，休息3 到 5 分鐘，什麼都不用做，只要靜靜等待。等到牠們認為警報解除（不同物種時間不一），就會再度開始活動了。

1. 老實說我真的找不到掉下假死的淡黃銹顎鍬形蟲（*Eulepidius luridus*）。（婆羅洲沙巴）
2. 通常只要待在旁邊幾分鐘就會看他開始活動爬行。

3. 原先躲到樹幹後的斯文豪氏攀蜥（*Diploderma swinhonis*），經過一段時間後自己跑出來。（臺灣）

4. 水生昆蟲有換氣需求，躲到水中一段時間一定要上來換氣。圖為日本大田鱉（*Kirkaldyia deyrolli*）。（臺灣）

破解祕技 4：看

　　身處自然環境中，眼前的畫面包
羅萬象，各種樹枝和樹葉以不同樣
貌與顏色出現，堆疊出真正野地的
景象，要從中把偽裝生物「看」出
來，真的沒有那麼容易。我的第一
招就是區分眼前景象，例如劃分為
九宮格，再將各項事物分開，一根
樹枝、一截樹幹、一段樹皮、幾片
樹葉，各自仔細觀察。這樣其實就
是所謂的地毯式搜索，眼前所有事
物都無法逃過絕對仔細的觀察。

1.隱身在樹葉中的擬葉螽（*Pseudophyllus* sp.）是不是騙過你了？（婆羅洲沙巴）
2.越複雜的環境要分格觀察才能找到端倪，因為豆蔻棘蜥（*Acanthosaura cardamomensis*）已經融入環境。（柬埔

3. 懷氏矮松鼠（*Exilisciurus whitehead*）體色與樹皮相似，如果不是耳朵白毛，很難發現。（婆羅洲沙巴）

4. 一動也不動的角蟬（*Amastris* sp.）的外觀完美偽裝成植物的樣貌。（秘魯）

5. 如果沒有靜下來仔細看，很難分辨眼前的是樹枝還是皮竹節蟲（*Phraortes* sp.）？（臺灣）

破解祕技 5：聽

　　好好使用聽力這件事，在找尋偽裝生物時也能發會神奇的效果。有些偽裝生物為了移動、求偶、威嚇，可能發出大小頻率不一的聲響，尤其是夜間找尋如螽斯、蟋蟀、蛙類，要從棲息環境找到牠們，本來就是超級挑戰。牠們如果剛好發出求偶鳴叫（雄性限定），就可以使用聽聲辨位的方式，藉由聲音的來源，慢慢定位偽裝生物的地點，萬一過程中聲音停止，只要原地不動稍等一下，就會再次聽到聲音喔。

4

1. 稀有難找的球翅螽斯（*Hexacentrus fuscipes*）喜歡藏匿在複雜環境中，只能靠雄蟲的求偶聲定位。（臺灣）

2. 就是在森林中跟著「叩叩叩」的聲響找到小啄木鳥（*Dendrocopos canicapillus*）。（臺灣）

3. 具偽裝外觀的阿里山紋翅暮蟬（*Tanna infuscata*），真的需要很強大的聽聲辨位能力才能找到。（臺灣）

4. 充滿泥水的水塘要找到腹斑蛙（*Nidirana adenopleura*）依靠的就是牠的「給-給-給」鳴聲。（臺灣）

遇到干擾靜止不動的變色龍。

既然已經學習阿傑的超級自然觀察口訣，
就要開始了解這些偽裝生物可能會玩什麼障眼法。
只有知己知彼才能在自然環境中，
找出各種讓人跌破眼鏡的生物。

大自然
超級變變變

變身樹葉。

植物的種類何其多，不同的植物葉子形狀不同，葉子在不同時期顏色也不同，乾掉的葉子、枯黃的葉子、被啃食的葉子，這些生物彷彿是由葉子組合而成，巧妙地將自己隱藏在環境中。你所看到的可能都是昆蟲或動物的一部分。

1

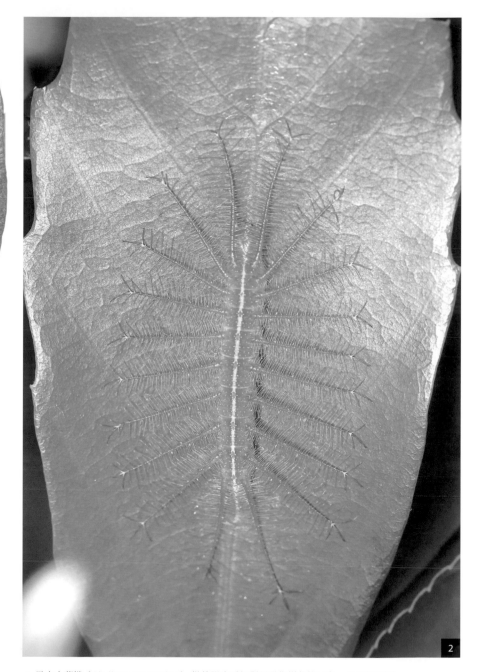

1. 馬來大葉䗛（*Phyllium giganteum*）從外觀來看絕對是最像樹葉的昆蟲。（馬來半島）

2. 外來入侵種的尖翅翠蛺蝶（*Euthalia phemius*）幼蟲跟其食草芒果葉完美結合。（臺灣）

1. 葉蝗（*Systella* sp.）就像一片枯黃的樹葉，前翅上還有類似葉子的曬斑。（馬來半島）

2. 枯葉蝶（*Kallima inachus*）顧名思義，就是一片「枯葉」。（柬埔寨）

3. 帶蛾（Eupterotidae）的翅膀與身體顏色皆枯葉色系，停在森林底層的落葉上馬上隱身。（婆羅洲沙巴）

4. 眼鏡蛇枯葉螳螂（*Deroplatys desiccata*）的外觀如同幾片枯葉疊在一起。（馬來半島）

1. 五色鳥（*Psilopogon nuchalis*）取食榕果，其體色與環境的葉子達成隱身的效果。（臺灣）
2. 馬來大葉騷斯（*Arachnacris corporalis*）一動也不動的停在葉子上，正假裝自己是葉子。（馬來半島）
3. 南美葉背螳（*Choeradodis rhomboidea*）如同葉子般的外觀，遭遇干擾會馬上壓低身體趴在葉子上。

2

3

1. 三角枯葉蛙（*Megophrys nasuta*）的外表與枯葉完全相同，在落葉堆中毫無違和感。（馬來半島）

2. 紅楓葉龜（*Chelus fimbriata*）遭遇干擾馬上躲到水中落葉的找的到在哪裡嗎？

3. 卡氏麻蠊（*Rhabdoblatta karnyi*）生活在森林底層，外表長的像枯葉也非常合理。（臺灣）

變身
樹枝。

　　樹枝有粗有細、有長有短
各種顏色、有的完整有的折
斷,有的樹枝還長刺,樹幹
上橫出的樹枝、掉到地上的
枯枝,到底有什麼奧妙?如
果開始走路,你會不會嚇一
跳?

3

4

1. 在森林中看到枯枝掛在其它植物上可說是稀鬆平常，
   但這竹節蟲（Phasmatidae）也太像真的枯枝了！（廣西）

2. 奇怪的樹枝在森林底層移動，靠近觀察竟然是枝螳（Proscopiidae）！（秘魯）

3. 看到一節枯枝插在樹葉上？仔細看是一隻假裝樹枝的尺蛾（Geometridae）幼蟲。

4. 植物的樹枝與葉梗分支何其多，如果沒仔細看就會被尺蛾（Geometridae）幼蟲騙過去。

1. 竹節蟲（*Haaniella saussurei*）生活在森林底層，不動就像一節枯枝。（婆羅洲沙巴）

2. 外表如同木頭紋理的叩頭蟲（*Cryptalaus* sp.）掉落在森林底層，成為真正的枯枝。（婆羅洲沙巴）

3. 南停在樹枝下方，完美與枝葉合而為一的竹節蟲（*Lopaphus* sp.）。（柬埔寨）

1. 掌舟蛾（*Phalera* sp.）平常收起翅膀一動也不動的樣子，是最有名的樹枝蛾類。（泰國）

2. 尺蛾（Geometridae）幼蟲斑駁的體表花紋豪無違和的成為樹枝。（柬埔寨）

3. 長胸螳（*Euchomenella* sp.）一動也不動的樣子，搭配身上的顏色花紋，好像長滿真菌的樹枝。（婆羅洲沙巴）

4. 遭到干擾呈現假死狀態的短尾水螳螂（*Cercotmetus brevipes*）變身為枯樹枝。（臺灣）

變身樹皮。

各種環境的樹木，依照樹種不同樹皮也有各自的特色，有的粗糙有的細緻，紋路很深與非常平滑，也有很多昆蟲生物住在樹皮上。如果發現樹皮會移動，請不要覺得奇怪！

1. 如果不是因為牠突然移動，會把這隻疣尾蝎虎（*Hemidactylus frenatus*）當作是樹皮。（東埔寨）

2. 雙峰姐蠟蟬（*Datua bisinuata*）外表的花紋與樹皮非常相似，差點找不到牠。（婆羅洲沙巴）

3. 朋友問我：樹幹上的樹皮會跑出來變成樹枝嗎？仔細一看竟然是飛蜥（Agamidae）。（東埔寨）

4. 在超大枯木上找到的直喙象鼻蟲（*Paleticus* sp.），外觀與顏色與剝落的樹皮完全相同。（澳洲）

5. 巨型葉尾守宮（*Uroplatus fimbriatus*）其實就是樹皮的一部分吧？（馬達加斯加）

5

1. 枯葉蛾（Lasiocampidae）的幼蟲與樹皮毫無破綻的合為一體。（廣西）

2. 鬆獅蜥（*Pogona vitticeps*）看到我們靠近，馬上貼平在樹幹上變成樹皮。（澳洲）

3. 長角象鼻蟲（Anthribidae）的外觀體色在對的地方變成樹皮的一部分。（婆羅洲沙巴）

4. 看得出來有隻樹皮螳螂（*Theopompa* sp.）在樹皮上嗎？（柬埔寨）

變身
地衣苔蘚

　　常在濕度較為恆定的環境，可發現不同形狀、顏色的苔蘚地衣，附著在地面、岩石、樹皮表面，常被當成環境濕度指標，只是你看到的苔蘚地衣可能突然飛起來！

1. 掉到地面的飛蜥（*Draco* sp.）爬到長滿苔蘚的階梯，馬上變成隱身狀態。（馬來半島）

2. 雨林的樹幹長滿苔蘚很平常，但腐葉螽（*Sathrophyllia* sp.）竟然比苔蘚更像苔蘚！（婆羅洲沙巴）

3. 雨林的葉子上長條狀苔蘚！竟然是苔蘚竹節蟲（*Conogalactea imponens*）。（婆羅洲沙巴）

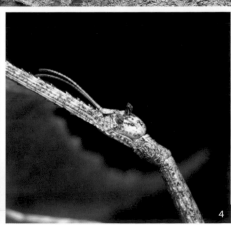

1. 長角蛉（Ascalaphidae）幼蟲已跟環境苔蘚融為一體。

2. 蓑蛾（Psychidae）幼蟲的蟲巢剛好使用環境中的地衣素材而變成地衣的樣子。（東埔寨）

3. 能不能在地衣苔蘚上找出一隻超可愛的象鼻蟲（Curculionoidea）嗎？（婆羅洲沙巴）

4. 長肛（*Entoria* sp.）竹節蟲的身上自帶地衣苔蘚花紋。（廣西）

1. 雲霧帶森林長滿苔蘚的樹幹上發現苔蘚竹節蟲（Phasmatidae）也太饒舌了。（雲南）

2. 棲息在雲霧帶的地衣鬼蛛（*Araneus seminiger*），外表自帶苔蘚圖案。（臺灣）

3. 蓬萊棘露螽（*Trachyzulpha formosana*）絕對是台灣的偽裝苔蘚界的天王。（臺灣）

4. 利用苔蘚製成的蟲巢，讓蓑蛾（Psychidae）幼蟲變成苔蘚。（柬埔寨）

5. 樹皮上的地衣竟然會移動！？這是燕裳蛾（*Enispa* sp.）的幼蟲。（柬埔寨）

變身便便。

很多人聽到便便，都會皺起眉頭，但是有些昆蟲動物就是喜歡偽裝成便便的樣子，讓掠食者對他們興趣缺，也是，誰會吃便便呢？

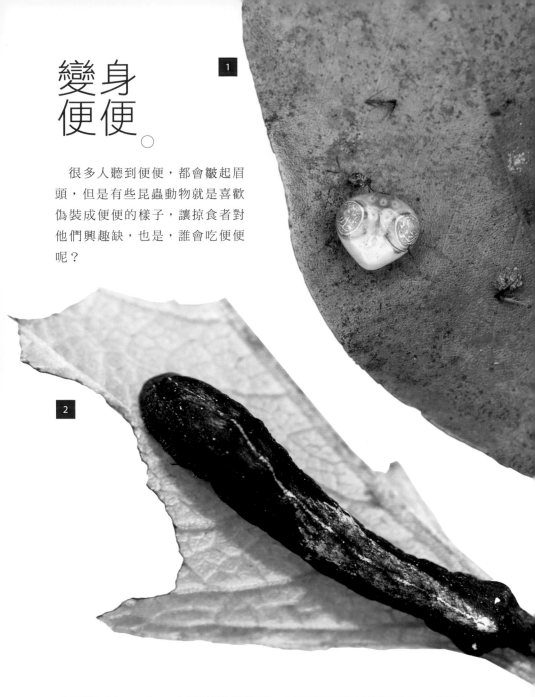

1. 鳥糞蛛（*Cyrtarachne* sp.）的腹部花紋非常神奇，會像剛剛排出的鳥糞帶著流動感。（臺灣）
2. 葉子上發現如同排泄物的條狀物體其實是蛾的幼蟲。（馬達加斯加）
3. 無論外觀或名稱都毫無懸念的素木氏鳥糞刺蛾（*Nagodopsis shirakiana*）幼蟲。（臺灣）

1. 雙峰疣椿象（*Cazira verrucosa*）身上突起與顏色像鳥類吃完果實的排泄物。（臺灣）

2. 帶蛺蝶（*Athyma* sp.）的幼蟲，外觀與牠的排遺簡直一模一樣。（臺灣）

3. 好一坨新鮮的鳥糞，舟蛾幼蟲（Notodontidae）擁有超逼真偽裝術。（秘魯）

4. 脊角蟬（*Machaerotypus* sp.）的外表是鳥類或蜘蛛的排泄物，讓人看得目瞪口呆。（臺灣）

5. 停在葉子上的腹斑原趾樹蛙（*Kurixalus baliogaster*），差點誤認為是動物排遺。（柬埔寨）

3

4

5

不能吃的
怪東西？

　　各種奇怪形狀的物體，可能是昆蟲屍體殘骸或脫皮、樹葉的碎屑、細小的種子、看不出是什麼東西的通通歸類在這裡，這樣不起眼的東西會是活的！

1. 草蛉 （Chrysopidae）的幼蟲蚜獅，最厲害的偽裝招式就是把自己打扮得像垃圾。（臺灣）

2. 廣翅蠟蟬的若蟲在腹部末端的蠟質分泌物，常讓人誤以為一團棉花糖。

3. 葉子上滿滿的毛絮狀物體，原來是廣翅蠟蟬（Ricaniidae）的若蟲大發生！（廣西）

4. 原以為是樹上的真菌，靠近一看才發現是蛾蠟蟬（Flatidae）的若蟲。（婆羅洲沙巴）

4

最強裝死 X 偽裝術。

　　假裝自己是屍體這件事，可說是最高招！萬一發揮所有偽裝擬態技能，都騙不過眼前的掠食者，仍不斷遭到騷擾或攻擊該怎麼辦？於是許多動物發展出最後大絕招，直接將腳一伸裝死，可能呈現翻過來的狀態，或從高處掉落的方式來避免被捕食。通常會掉落在森林底層的落葉或草堆，因為環境更為複雜，而且掉落後完全不動，讓掠食者更難發現與找尋，藉此逃過被捕食的危機。

1. 從樹枝上跌落後馬上收起六隻腳假死的竹節蟲（Phasmatodea）。（廣西）
2. 美他力佛細身赤鍬形蟲（*Cyclommatus metallifer*）掉落後的假死狀態會讓人誤以為是枯枝。（蘇拉威西）
3. 掉落至落葉堆的路尼佛細身赤鍬形蟲（*Cyclommatus lunifer*）呈現假死狀態一動也不動。（婆羅洲沙巴）

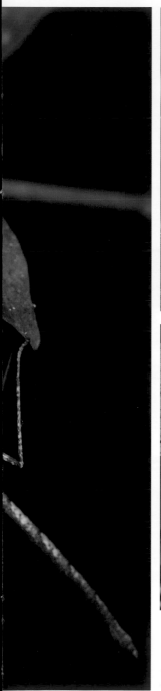

1. 裝死前倒掛在葉子上的竹節蟲。（海南島）
2. 掉下後一動也不動裝死的竹節蟲。（海南島）
3. 南美枯葉螳的若蟲完全不動的假死狀態。
4. 假死完全不動的平緣枯葉蛾（*Gastropacha pardale formosana*）。（臺灣）

日本姬螳裝死
的有趣觀察 ◯

　　記得撰寫《螳螂的私密生活》一書時，花了許多時間在野外觀察螳螂的行為，也在家飼養、繁殖螳螂做紀錄，其中以日本姬螳的行為最為耐人尋味。人工繁殖的日本姬螳從螵蛸中孵化後，若蟲呈現黑色至深褐色，隨著蛻皮成長，體色也開始有變化，從褐色帶著深色斑紋到不同的漸層綠色，外觀也與樹枝樹葉越來越相似。大齡若蟲開始出現有趣行為，如果準備餵食或拿起容器觀察，姬螳會像是遭到驚嚇，直接在容器中亂跳亂彈，最後倒地不動裝死。但在自然環境中發現的姬螳，則是會先慢慢壓低身型，將捕捉足向前伸直，似乎想讓自己看起來像根樹枝。若再有進一步的干擾，牠就會將捕捉足向外側平放然後趴倒。我曾跟研究螳螂行為的學者討論，姬螳選擇亂跳裝死或偽裝的行為可能與環境有關係，或許是因為人工塑膠容器中缺乏類似葉子的平面讓姬螳匍匐，導致姬螳選擇不同方式因應外在刺激。

1

1. 在自然環境進食的日本姬螳終齡若蟲，稍有風吹草動馬上靜止不動。（臺灣）
2. 交配中的個體，雄性呈現不動姿態，雌性則是馬上趴倒裝死。
3. 進食中的個體遭到干擾後馬上靜止不動。

2

3

為了記錄各種森林物種，
阿傑馬不停蹄地在世界各地森林遊走，
從東南亞各國到澳洲、南美洲、非洲，
不同環境的森林有著不同的樣貌與物候，
當然棲息在其中的生物也完全不同，
對於觀察這些偽裝生物有非常豐富的經驗，
其中更有許多精采的發現故事。
了解各種昆蟲動物可能會隱藏在自然環境的哪些地方後，
會讓你更能融會貫通，
在野外發現這些精采的生物。

CHAPTER

3

偽裝成落葉的撒旦葉尾守宮（*Uroplatus phantasticus*）。（馬達加斯加）

跟著阿傑尋
找偽裝高手

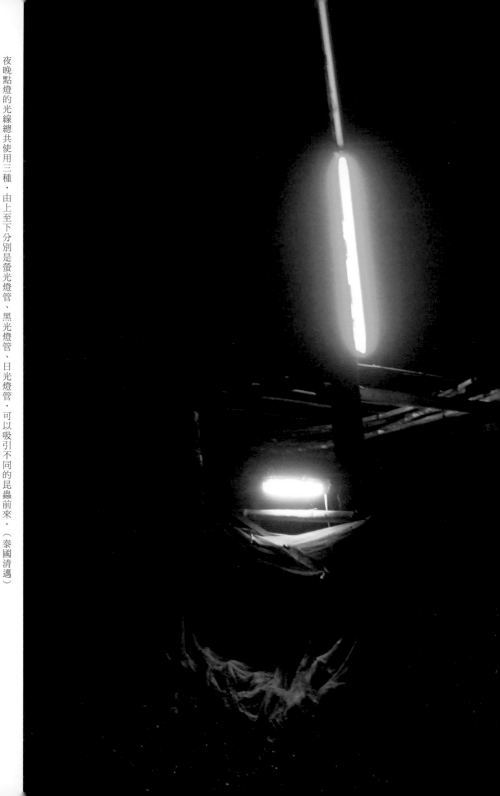

夜晚點燈的光線總共使用三種，由上至下分別是螢光燈管、黑光燈管、日光燈管，可以吸引不同的昆蟲前來。（泰國清邁）

從泰國開始──
一撮苔蘚開啟我的偽裝生物世界觀

Chiang Mai, Thailand

　　我原本對昆蟲的偽裝幾乎沒有什麼概念，直到 2007 年在泰國清邁山區，使用燈光誘集昆蟲，看到這種謎樣的昆蟲，才完全打開我的偽裝世界觀。

　　還記得那是 9 月，天氣已經開始轉涼，日夜溫差變得很大，也是泰國清邁產的五角大兜蟲成蟲發生季節。當晚沒下雨但有霧氣，濕度很高，大約七點半過後，目標物五角大兜陸續飛來，伴隨各種趨光的昆蟲，將燈下點綴得熱鬧非凡。兩個小時後慢慢趨於平靜，我將拍照裝備收好，拿著手電筒探照四周，檢查是否有遺漏的裝備，忽見旁邊曬衣服的竹竿上有個綠色突起的物體，似乎是隻昆蟲，但外觀與顏色又非常陌生，於是趨前查看。這是一隻 3 到 4 公分長的直翅類昆蟲，細長超過身體的觸角說明了這是螽斯那類，但前胸上長滿棘刺，全身包含翅膀都是類似苔蘚的斑紋與色彩。由於從未看過，心想可能會是研究這類昆蟲學者需要的樣本，便將之採集製成標本（註 2）。

　　製作這類直翅目標本，必須執行一定工序才能保色。標本做好後，放在標本箱中展示，某日天牛博士周文一先生看到，問我是否在台灣採集。我表示這是泰國清邁產，周博士說台灣也有這種特別的昆蟲，主要產在台灣東北部山區的原始林，只有盛暑時節短短一個多月有機會看到成蟲。除了會取食苔蘚外，學者對於牠的生態習性完全不清楚。從此開啟我與這類棘螽的緣分。

（註 2：各種生物的研究都需要透過採集，製成可保存的狀態，以利後續比對辨識。）

這就是當年引發我對偽裝昆蟲產生興趣的「貴蟲」暹羅棘露螽（*Trachyzulpha siamica*）。（泰國）

1. 當晚主要的目標蟲是五角兜（*Eupatorus gracilicornis*）成蟲季節為每年的九月份（泰國雨季末）。

2. 當晚也吸引來超過十隻愛德華古皇蛾（*Archaeoattacu eduardsii*）都是剛羽化的新鮮個體。

3. 相隔十多年再發現的是超美的暹羅棘露螽地衣個體。

4.「轉角度」就能發現這偽裝真的太經典！

台灣的蓬萊棘露螽地衣色型，從俯視的角度觀察牠隱身的狀態。

返回台灣——原來你們都在這 Taiwan

　　蓬萊棘螽在台灣的產地為東北部，新北市與宜蘭皆有觀察紀錄，棲息環境為低海拔未開發的原始林，以濕度高、環境長滿苔蘚、溪流邊的區域為主，與其食性、外觀有絕對關係。與好友直翅類群昆蟲專家黃世富聊起蓬萊棘螽，知道一段有趣的故事。因為蓬萊棘螽發表時為台灣日治時代，由知名的日籍分類學者素木得一於1930年發表，模式標本的產地為南投埔里，對照本種十多年觀察紀錄都在東北部來說，確實相當特別，因為早期台灣昆蟲產業重要的集散地為南投埔里，因此推測當時昆蟲被採集後，由昆蟲商收購送至埔里，經過包裝乾燥後會在背面印製產地，當年的研究學者收到後，便以印製的產地資料作為發表的產地資訊，這是認識本種昆蟲後有趣的博物故事。

　　自從在泰國看過近緣種類後，隔年便在好友的帶領前往新北市坪林，這是一條人煙稀少的道路，沿途林相非常美麗。由於這裡已經靠近頭城，是東北面的迎風處，濕度很高，樹幹上長滿苔蘚與附生植物。當晚選擇一處視野開闊處，可看到海與頭城夜景，6點半燈亮後馬上有小型蛾類與金龜子趨光靠近，由於不是目標蟲，大夥坐在地上聊天。約8點時我發現地上有片長滿苔蘚的樹葉，奇怪的是這片樹葉會緩慢移動，仔細觀察才發現是棘螽！原來牠已經無聲無息靠近，如果是用飛行的方式，沒道理會看不到，難道是用爬行的方式趨光？這才想到只顧著聊天，竟然忘記搜尋四周。於是我跟好友起身，拿起手電筒由周邊地面開始找尋。這個地點果然是蓬萊棘螽的熱點，從8點發現第一隻個體，到9點半總共找到6隻，完成在台灣的首次觀察紀錄。

連續幾年都在盛暑成蟲季節前往坪林調查，發現溪流邊的森林都有機會發現棘螽，有時甚至可以一盞燈下發現超過 10 隻趨光的雄性個體，也確認以苔蘚為食，但苦於無法尋獲雌性個體，只有幾筆曾出現在自然攝影中心，生態同好偶然拍攝的雌性終齡若蟲照片，這對於研究蓬萊棘螽的生態史來說，可說是最大的關卡。觀察過程除了標準苔蘚色型的個體之外，偶爾能找到地衣色型的個體，就數量與比例來說，大概 20 隻可發現 1 至 2 隻這種特殊色型。曾與同好探討地衣色型的出現機制，舉原產於澳洲的幽靈竹節蟲為例，正常的體色為咖啡色，但若在卵孵化時的一齡若蟲（剛孵化的若蟲，顏色都是深褐色），給予長滿地衣的樹枝環境，便有機會觸發變色機制，於脫皮轉二齡時成為黑白斑紋的體色，出現機率大概是 10%。至於到底如何觸發？曾想過幾個可能性，環境光照改變、地衣的真菌與藻類共生影響，或是取食地衣造成，至於實際狀況為何，可能需要更多的採集、飼養、實驗對照來證明。截至 2016 年為止，在台灣觀察蓬萊棘螽都是雄性，若想記錄完整生態史，還缺了最重要的雌性。直到與國立師範大學生命科學系林仲平教授達成田野調查研究的合作，才真正為我觀察棘螽完整生態帶來一絲希望。

　　2017 年林教授與福山植物園有研究計劃的合作，有幾位學生常駐福山植物園，調查時發現每年夏初至盛暑，可在園區特定區域長滿苔蘚的樹幹上，發現棘螽的若蟲與成蟲。從學生的紀錄照片可看到腹部末端有著產卵管特徵的雌性個體，這個發現讓我興奮不已。在教授與同學的幫助下，我終於親眼看見雌性成蟲的樣貌，就外觀來說，雌性可說是放大一號的雄性，體表「棘」的表現更為誇張，顏色斑紋則殊無二致。我也在同學的幫助下，順利記錄卵粒的樣貌。

1

1. 無論是全身的花紋或前胸背上、後腳的棘刺，都讓他更能融入苔蘚的環境中！
2. 台灣的蓬萊棘露螽地衣色型，腹部末端半圓的片狀物顯示牠是極為稀有的雌蟲。
3. 會取食樹幹上的苔蘚與地衣。

1. 正常苔蘚色型的雌蟲，辨識重點為腹部末端半圓形的片狀物。
2. 雌性特化成片狀的產卵管特寫
3. 產在苔蘚中呈現卵形片狀的卵粒。
4. 正在緩慢前行的雄性，腹部末端沒有片狀產卵管。

前進婆羅洲沙巴 ── 完美地衣　Sabah,Malaysia

　　2012 年 9 月，好友邀請當年 12 月一同前往婆羅洲，幫位於沙巴神山國家公園旁的民宿做為期五天的生態探查，目的是幫以生態環保為訴求的民宿，建立周邊基礎生物資源，我的部分當然以昆蟲為主。抵達之後發現民宿根本就在國家公園裡，因為完全沒有圍牆與界限，可以由民宿旁的小徑走到國家公園步道，但民宿主人表示這條小徑可以自然觀察，但是不開放從這裡進入國家公園，要進入國家公園還是必須從入口買票。

　　由於已經來過多次神山國家公園總部，對於這裡的生物相有一定的認知，觀察起來也輕鬆許多，五天一下就過去了，還好天氣配合沒有下雨，紀錄狀態相當順利，有龐大比例是第一次在這裡發現的昆蟲種類。其中第二天晚上夜觀最讓人記憶深刻，當晚霧氣很重，溫度大約 22 度左右，我們順著國家公園的溪流步道觀察。走一整天路其實有點累了，準備在公廁小解後走回民宿休息，沒有尿意的好友在廁所外牆搜尋，突然發出驚喜的叫聲，要我快點出去拍照。我急急忙忙衝出去，發現好友們鏡頭對著一坨地衣，已經開拍，心裡想著難道是稀少的地衣色型棘蚤！沒想到運氣那麼好，這是第一次在婆羅洲發現棘蚤。

　　我沒那麼急著拍攝，反而先觀察四周環境狀態，果然是標準的棘蚤棲地條件：溪流、濕度高、樹幹長滿苔蘚、日夜溫差大，唯一跟台灣棘蚤產地的差別在於海拔高度。台灣東北部產地的海拔高度大約 400 到 600 公尺，與神山國家公園總部的海拔高度 1,560 相差甚多，但婆羅洲是緯度較南的熱帶氣候，所以在這個海拔高度的環境，反而適合棘蚤棲息。

首次遇到的福氏棘露蚤婆羅洲亞種（*Trachyzulpha fruhstorferi borneo*）是少見的地衣色型，讓同行友人興奮不已。（婆羅洲沙巴）

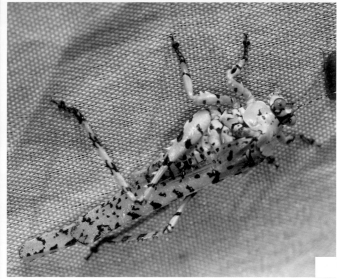

1. 這隻苔蘚外觀的螽斯（*Phricta aberrans*）剛好在樹葉上移動，所以非常明顯。（澳洲）

2. 短鬚灰卒螽（*Zulpha perlaria*）身上是更細緻的苔蘚紋路，也是夜晚趨光而來。（婆羅洲沙巴）

3. 趨光而來的螽斯（*Dysonia* sp.），雖然顏色體型都很像棘螽的地衣色型，但前胸上面沒有棘刺。（秘魯）

隔天再次發現海南棘螽地衣色色型，就算天氣再熱（海南島超級熱）都覺得心情好。

驚艷海南島—— **難忘的發現**　Hainan,China

　　2013 年在好友邀約下，與來自馬來西亞、日本的竹節蟲愛好者一同前往海南島尖峰嶺保護區，主要以調查竹節蟲為主，我則是搭順風車跟三位專家去拍照。海南島果然是充滿南國風情的熱帶島嶼，熟門熟路的好友帶著我們搭車換車，穿越幾個城鎮，一路由三亞市來到尖峰嶺國家森林樂園，已預先訂好這裡的天池山莊。大家跟櫃台確認三餐搭伙後，便各自回房整理裝備，並討論後續行動，由於白天的炎熱讓我們幾乎是中暑狀態，所以決定晚餐後開始本次旅程的首次觀察活動。

　　我們循著山莊規劃的步道，仔細搜尋每個區塊。照明燈下飛來許多趨光的昆蟲，除了各式各樣的甲蟲、蛾類外，還有數量頗多的各種螳螂，剛好為正在撰寫的螳螂書籍增色不少。好友們因不斷找到竹節蟲而呼喊，只能說保護區的意義就是這樣，因為森林環境維持良好，沒有過多的人為開發利用，物種豐富多樣的狀態自然引人入勝。

　　由於第一天的行程很折騰，所以大家早早休息。第二天晚餐後開始夜間觀察，這次分為兩組，一組於樓頂設置燈光陷阱，一組則依照前晚路線，雖然我主要是守在燈旁，但空檔時總會往步道走去，畢竟邊走邊觀察是一種習慣。第二組搜尋非常仔細，但並未發現什麼特別的物種。前方那盞燈是昨晚聚集最多昆蟲的區域，我打算逛完就回到樓頂繼續守燈，這時前方石頭上的苔蘚引起我的注意，因為這塊苔蘚太過立體，有種看到蓬萊棘螽的錯覺，但心想體型沒那麼大呀。待走向前蹲下一看，只差沒整個人跳起來大叫！我中頭獎了，竟然是棘螽！是苔蘚色型的棘螽！我小心翼翼靠近，拿起相機依照自己的拍攝習慣記錄，從側面拍攝時發現腹部末端竟然有薄片鉤狀的產卵管！原來是雌性成蟲，難怪體型這樣巨大。這是從泰國知道棘螽以來首次雌性的觀察，內心激動不已。直翅類群昆蟲通常雌性體型較大，因為必須製造卵粒，所以腹部外觀與重量都與雄性有變大差異，飛行能力通常較差。棘螽的外觀太容易跟環境融合，所以要找到雌性可說是非常難，就趨光性來說，雌性亦不若雄性強烈，也是棘螽的雌性觀察紀錄非常少的原因。

1. 從側面拍攝生態照時發現是雌性，讓我幾乎中暑的生理狀態也跟著恢復！

2. 海南島福氏棘露螽（*Trachyzulpha fruhstorferi fruhstorferi*）出現時，最驚訝的是相較於其同屬種類更巨大的體型，讓我重新振奮已經疲勞的精神狀態！

3. 前胸背上誇張發達的棘刺。

4. 跟著他緩慢的移動到旁邊的石頭上，找到好的角度拍攝心中期望光影俱佳的生態照。

讓我魂牽夢縈的腐葉螽（*Sathrophyllia sp.*），終於在婆羅洲一解相思之苦！找找看牠在哪？

我是苔蘚，我是苔蘚──腐葉螽

　　大概是 2013 年在臉書動態看到日籍生態攝影師 Takashi Katano 貼出一張讓生態界朋友驚呼的照片。那是乍看下長滿苔蘚的樹枝，在濕度高的雨林頗為常見，但越看越覺得不對，樹枝上有蟲！而且是毫無破綻的與樹枝融為一體，連我的好友，出過數十本昆蟲、植物圖鑑的張永仁大哥也特別分享在個人臉書，強調從未看過這樣厲害的偽裝昆蟲。該名攝影師貼出數張生態照，都是該種昆蟲外觀完美與環境融合的偽裝照，標註拍攝地為馬來西亞的金馬崙高原。該種昆蟲是螽斯類群，每隻外觀的花紋與顏色都不同，全綠的青苔色型，不同色的苔癬色型，從頭部、前胸、前翅，還有讓人訝異的突起，宛如真正的青苔與苔癬。我暗暗立下心願，一定要在雨林找到這樣厲害的螽斯，好好拍攝心目中最厲害的偽裝生態照。

　　實際在產地雨林找尋這類昆蟲才發現簡直是大海撈針，因為這裡維持原始森林的樣貌，沒有破壞與開發，樹幹與樹枝都被苔蘚和附生植物點綴得色彩繽紛，也因如此，若非剛好遭遇正在行走活動的個體，真的很難從環境中將牠找出。數次出國找尋都無功而返，雖然其他的動植物拍得相當過癮，但內心還是帶著遺憾。某次拜訪馬來西亞好友，聊到這種昆蟲，他語出驚人地說：「這個之前很常見呀！在我的路燈下就能看到，只是現在環境不如當年，好幾年沒看過了。」原來這種螽斯也會趨光，這樣就好辦多了。但在國外人生地不熟，我不知道隨便點燈會不會有法令或當地民俗的問題，所以還是未能如願。

2019 年 6 月與幾位好友首次相約前往婆羅洲沙巴的叢林少女營地（Borneo Jungle Girl Camp），位於海拔約 1,500 公尺的保護區內，周邊為神山國家公園。森林的狀態維持得非常好，也是當地做生態調查的學者非常喜愛的地點。我們一行人到達沙巴機場後，四驅車隊前來接機，心想這也太盛大了吧，難道我們的行程是 Off Road？我們先在市區超市採買，駕駛告訴我們等等要入山了，路程會變得比較崎嶇，大家要忍耐一下，果然兩個鐘頭左右的路程讓人有恍若隔世的感覺。到了營地後大家迫不及待地放下行李，帶著手電筒在附近的燈下找尋趨光的昆蟲，一時之間歡呼聲此起彼落，各種在圖鑑上才會出現的昆蟲，竟然在此一一現形。好友形容這裡簡直就是自然寶可夢的產地！

　　連續幾天都在森林中探尋，偽裝昆蟲當然是我的目標之一，但當時日本攝影師拍攝的那隻超級厲害的螽斯，仍舊無法尋獲。直到最後一晚，大夥在燈下聊天找蟲，旁邊的木架上有個奇怪的突起，感覺像是一團苔蘚，卻又說不出的怪。好奇心的驅使下，我靠近端詳，好友走來問：「傑哥你在看什麼？」我回答：「就這坨苔蘚很奇怪，」好友笑說：「這是螽斯啦！怎麼會是苔蘚？」這句話如同當頭棒喝般將我敲醒，對！這是螽斯呀！是那隻幾可亂真、完全融入環境的偽裝大師！從頭到尾，外表的斑紋無一不是森林中樹皮的樣貌，樹皮上的苔蘚、真菌、其他附生物，好像彩色影印似的，直接在長鬚螽的外表呈現，而且不同個體斑紋有非常大的差異，要不是牠會趨光，在偌大的森林中想找到牠，根本比中彩券還難呀！

1. 全苔蘚型雄蟲，確實找了很久才發現。
2. 地衣苔蘚混合色型的雌性，被干擾時展起前後翅威嚇！
3. 透過微距攝影更能看清楚無懈可擊的「苔蘚地衣」。
4. 地衣色型的頭部特寫，這樣可以找到了嗎？

停在杜鵑花叢中的小厚露螽（*Baryprostha parva*），看到了嗎？（臺灣）

瞬間變身——是蟲還是葉子

　　大家應該很熟悉螽斯、蝗蟲在環境的隱身術。還記得國小時的操場，住家旁的公園，只要有綠地就有蝗蟲，是跟同儕最愛捕捉的昆蟲，綠色、體型很小、外觀尖尖、很會跳，是大家對蝗蟲既定的映像。自從小學三年級去過一次六福村野生動物園，看到數種不同的蝗蟲，有的體長竟然超過 5 公分，我對這種昆蟲就改觀了。當天坐車逛完野生動物區，前往休息區用餐，途中經過草地時看到許多昆蟲飛起，還聽到「噠、噠、噠」的聲響，於是當大家去買餐點，我則是溜到草地去找昆蟲。當時還不懂觀察技巧，就是傻傻站著或蹲著，兩眼非常仔細地觀察草地，希望能發現會發出聲響的昆蟲。但這些蝗蟲實在很難找，怎麼都看不到，一直到有人從我旁邊走過，突然有東西飛出，伴隨著「噠、噠、噠」的聲響，我盯著牠降落，然後馬上飛奔過去，果然發現這隻蝗蟲。牠非常大，跟市區發現的種類雖然外觀差不多，但是體長至少多了兩倍，而且是綠色帶著棕色條紋，停在草地上讓人更難分辨，也因此讓我記憶深刻。現在回想起來當時看到的應該是箭角蝗，小時候學校與公園發現的應該是負蝗，雖然體型相差頗大，顏色也各有千秋，但只要在牠們的主場，也就是長滿細長葉子的禾本科草地，即是最強大的偽裝者。

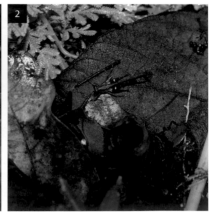

1. 無論是型態、顏色都與枯葉一樣的葉蝗（*Systella* sp.）。（馬來半島）
2. 枯葉上的奇怪枯枝是突眼蝗（*Erianthella* sp.）。（婆羅洲沙巴）

很多人看到螽斯還是會稱為蚱蜢，其實蚱蜢是指蝗科，最簡單的方式可從觸角來分辨，蝗蟲的觸角一定是粗短的，不超過前胸背板。螽斯的觸角則是又細又長，一定超過身體全長。螽斯多半出現在森林環境，所以整體外觀與闊葉樹寬大的葉子形狀相似，無論成蟲或若蟲的體色都跟自然相仿，成蟲的前翅具有類似葉脈的紋路，有時還有焦黃的曬斑，可說比葉子還像葉子。除了外觀之外還有一點可以特別提，某些種類的螽斯很愛以六腳站立的方式停在葉子正中央。經過幾次觀察，從上往下的角度看確實可以跟葉子成為一體，應該能避免某些掠食性動物的注意。

　　還有一類螽斯，俗稱為擬葉螽，平常時跟一般螽斯無異，一旦遭遇危險便會展開變身術，直接變成一片葉子。變身的過程蠻有趣，會先將一對觸角向前延伸，再將前足向前藏在前胸與頭部下方，接著一對前翅向左右攤平壓扁，再將中、後足收於翅膀下，呈現一片葉子的樣貌。本以為是遭遇干擾才進行變身行為，但好幾次觀察都發現牠以葉子的形狀趴在葉子上，似乎已經很習慣當葉子了呢！

　　夏末秋初的芒草，常能找到一類體型細長，外觀如同梭子（一種織布機上牽引緯線的工具。兩頭尖，中間粗）的螽斯。牠們除了與芒草的外觀十分相似之外，最大特色莫過於強壯的大顎，咬合能力足以媲美螃蟹螯足。雖然看起來強壯善戰，但遭遇干擾時也會施展瞬間隱身的招數，避免沒必要的爭鬥。隱身方式跟上面提到的擬葉螽動作相同，最大的差別是變成芒草的樣子，而且直接藏身於芒草葉子的基部。與同樣偽裝成葉子的擬葉螽相比，芒草除了能吃之外，還能提供相當程度的保護作用（芒草葉的邊緣有小鋸齒）。

趨光來到布上的擬葉螽，前翅基部還有類似葉子的曬斑。（婆羅洲沙巴）

1. 找一下葉子上有一隻擬葉螽。（臺灣）
2. 腿節有藍色花紋的擬葉螽，正準備要隱身。（婆羅洲沙巴）
3. 瞬間將後腳藏到充滿葉脈紋路的前翅下。

1. 大型的螽斯（*Ancylecha fenestrata*）前翅上的花紋與葉子破洞完全一樣。（馬來半島）

2. 外觀是細長葉的形狀擬葉螽，一動也不動的停在葉子上。（馬來半島）

3. 巨大的擬葉螽斯。（海南島）

1. 停在雙扇蕨上的長頸螽，外型與顏色都是枯葉，跟停棲的位置也非常搭。（婆羅洲沙巴）
2. 第一眼看到還以為是枯樹葉的葉蝗（*Systella* sp.），完美的枯黃葉色與曬斑實在太完美了！（婆羅洲沙巴）
3. 個人最愛的葉蝗（*Systella* sp.）極為完美的枯葉外觀。（婆羅洲沙巴）

3

找找看枯葉蝗蟲（*Chorotypus* sp.）在哪兒！（婆羅洲沙巴）

外觀如同枯片碎片的冠庭菱蝗（*Hedotettix cristatus*）首拍，
透過加強的放大倍率才能看清其特別的樣貌。（臺灣）

昆蟲界的羅馬武士

在還沒有臉書的年代，昆蟲論壇與塔內植物園是許多生態愛好者分享與吸收新知的大型論壇。記得有張照片曾讓我驚為天人。某位生態愛好者分享一種類似菱蝗的照片，但外觀除了前胸兩側的棘狀突起外，其他部分完全不同。應該怎麼形容這種昆蟲呢？就像一片乾枯樹葉的碎片，直挺挺插在地上，差別在於牠會移動。自此之後，想要拍這種神奇昆蟲的願望一直放在心中。

2014 年與好友一同前往台南新化生態調查，我們在溪流沿岸調查水生昆蟲。他的主要目標放在蜻蛉目昆蟲（蜻蜓、豆娘），我則是拿著相機找尋拍攝標的，搜尋一段時間發現，這裡的環境主要是泥沙淤積的溪流，參雜石頭與植物落葉，水質尚可，周邊是竹林與次生林，除了滿滿的蚊子外，似乎沒辦法找到什麼屬害的昆蟲。剛彎腰拿起背包準備往前走，便發現腳邊有個很小的東西跳起來，顏色跟沙子、枯葉相似，以我的觀察能力竟然看不出是不是昆蟲。於是慢慢放下背包，壓低身形，張大眼睛在地上搜尋，心中想著會不會是看錯？身邊的蚊子大軍再度集結，正打算放棄起身，手肘旁的枯葉上竟然有「枯葉碎片」開始移動，我馬上全神貫注盯著，肉眼看起來是片半圓形的枯葉，大約 3 到 4mm 大，一端有兩根非常細短的觸角。我確定是一隻昆蟲，而且是非常面熟但尚未拍攝過的種類，當下組好相機裝備，裝上最高放大倍率的鏡頭與鏡片，透過景觀窗發現，這是一隻非常精緻且難以發現的蝗蟲，身上的特徵竟然就是當時在塔內植物園看到的那種菱蝗，我內心的激動與興奮完全無法形容！好不容易拍攝到滿意的照片，並在景觀窗中發現牠在取食落葉上的有機物，就算全身被蚊子叮成紅豆冰，也覺得非常值得。

記錄完成後，我放慢速度稍微走動一下，腳邊就有好幾隻因受到驚擾而跳起，又小又扁的身形，加上與環境相似的顏色，所以很少被發現記錄。與幾位拍攝過的好友討論，推測這類菱蝗主要棲息在中部以南的低海拔地區，目前已知兩個點，環境以濕度高的次生林或溪流邊為主，周遭有足夠的落葉腐植質、有機物，較有機會發現。

靜心觀察是找到偽裝生物的秘訣。（婆羅洲沙巴）

1. 同個產地拍攝的蝗蟲。
2. 由於初次觀察，不知道是不是冠庭菱蝗的若蟲。
3. 個人首次觀察到體型超級小的蚤蝗（*Xya japonica*）。

莫西干葉菱蝗 *Paraphyllum antennatum*

　　2019 年 6 月前往婆羅洲沙巴的叢林少女營地，短短五天四夜各種稀奇古怪的昆蟲不斷出現，其中有一種特別的昆蟲，是在蟲友張巍巍撰寫的《特魯斯瑪迪山動物圖典》紀錄，名為莫西干菱蝗的種類，牠的外觀與台灣發現的菱蝗非常相似。我只看過幾張以其他昆蟲特寫為主的生態照，很難在諾大森林環境中找到這不到一公分的身影，開頭幾日無功而返，原本已死心，打算專心觀察甲蟲就好。直到第四天下午，好友小豪以百米賽跑的速度衝進民宿大喊：「傑哥有了！」我狐疑地看著他，只見小豪舉起手，捏著一小片枯葉碎片，興奮地看著我。難道是莫西干！

　　我跟著小豪來到他發現的地點，在森林邊緣是全日照的環境，地面長滿苔蘚與腐植質，濕度很高，是坐在上面褲子會濕掉那種。觀察完現場環境後，我五體投地趴在地上，以接近平視角的方式來找尋，以免角度過高而無法確認蟲體。終於在換了幾個位置後，在地面的苔蘚堆中發現牠的身影，前胸背板特化後半圓的形狀，上面的紋路確實與枯葉脈非常相似，跟周遭的落葉腐植幾乎融為一體。剛好牠在啃食枯葉，雖然動作非常細微，仍引起我的注意，才能找到著擁有絕佳隱身能力的莫西干菱蝗。

　　自從拍過這類菱蝗後，對其有趣的外觀產生極大的聯想，與好友國立自然科學博物館的鄭明倫博士，在臉書上的討論尤其有趣。當時鄭博士貼了幾張在菲律賓調查時發現的這類菱蝗，由於這類菱蝗的特化背板太過於耀眼，就像古代武士頭盔上的裝飾物，便以「羅馬武士」的頭盔作為討論起點。我曾在不同國家觀察過兩種這類菱蝗，更能了解牠們外觀在棲息環境所能展現的隱身能力，藉由大小、形狀與顏色，跟落葉枯枝融為一體，而不容易被天敵發現。目前這類菱蝗，已知發現的種類還不多，或許針對其喜愛的環境做地毯式調查，能發現更多形狀特殊的種類，並更了解物種外觀與棲息環境的關聯。

莫西干葉菱蝗（*Paraphyllum antennatum*）的背部脊狀隆起比冠葉菱蝗更為誇張！（婆羅洲沙巴）

棲息地的樣貌，想找到體長只有 3mm 的牠，套句台灣俗語「眼睛看到脫窗」。

1. 菱蝗類群的前胸多樣性真高！這隻角股溝菱蝗（*Saussurella* sp.）非常像乾掉的葉鞘形狀。
   （菲律賓）。陳燦榮拍攝

2. 三角薄背菱蝗（*Hymenotes* sp.）除了枯葉外觀，連葉脈都完整重現（菲律賓）陳燦榮拍攝

3. 從不同的角度觀察看過去，會比較難以分辨。

4. 三角薄背菱蝗（*Hymenotes* sp.）後腿也是枯葉樣貌，這個種類背部脊狀隆起就像真正的羅
   馬武士出現了！（菲律賓）鄭明倫拍攝

3

4

還有什麼方式的擬態？

由於科學家對於物種擬態的研究不斷地深入，除了上述外觀的擬態外，還有聲音的攻擊型擬態（某種螽斯發出雌性蟬的聲音，吸引雄性的蟬前來予以捕食〔Marshall & Hill, 2009〕）、動作行為擬態（螽斯搖晃觸角與腹部，看起來更像大型蛛蜂，讓捕食者卻步〔Nickle, 2012〕）、化學物質擬態（小灰蝶幼蟲分泌化學物質，讓螞蟻以為是同類帶回巢中照顧〔Pierce et al., 2002〕），各種生物演化出來的欺敵獨門絕學讓人歎為觀止，有興趣可以繼續關注擬態的研究。

樹枝精靈
－ 竹節蟲目

相信這是大家從小都會玩的遊戲，
作鬼的人閉上眼，喊出「1、2、3 木頭人」，
其他人只能用短短的時間前進，當鬼回頭時，
誰還在動就會被抓到，那就是輸了。
在自然環境中，
各種動物無時無刻不在玩這個遊戲，
每當環境出現動靜、聲響，就必須馬上停止動作，
直到警報解除。最大的不同是，
被鬼抓到不只是輸了
，而是必須慘痛地付出生命。
這個遊戲的箇中高手以竹節蟲最讓人津津樂道，
畢竟要一直不動，假裝是樹枝木頭，
真的很難吧？

棉桿竹節蟲（*Sipyloidea sipylus*）倒掛在枯葉下，確實融入環境。（臺灣）

停棲在樹皮上攀藤植物旁，若不是對於這些昆蟲的直覺，很難看出有隻竹節蟲（*Stheneboea* sp.）。（越南）

到處都是樹枝精靈

　　每次出野外或帶觀察活動，最能吸引目光的總是竹節蟲。主要原因首推如同樹枝的樣貌，總讓人嘖嘖稱奇。在臺灣較為容易觀察到的竹節蟲種類如長肛竹節蟲、短肛竹節蟲、皮竹節蟲，外觀一如細長的樹枝，一節一節的更像中文名稱「竹節」外觀。竹節蟲的台語為「竹馬」，是小時候最受歡迎的童玩之一，也有一說為「竹尾」，如同竹子末端細長的樣貌，亦呼應英文 Stick insect（樹枝昆蟲）、日文ナナフシ（七節虫），都是指竹節蟲如同樹枝一節一節的外觀。

　　但有許多竹節蟲跟大眾所知不同，有極大的外觀差異，例如像長滿苔蘚、真菌的枯枝，各種奇怪形狀與顏色，還有上一篇觀察文葉（葉竹節蟲）。想在森林找到竹節蟲到底難不難？這要分成兩個時段來討論。依照個人經驗白天找竹節蟲並不容易，主要為森林隨著光線變化，呈現出不同層次與複雜的樣貌，竹節蟲吊掛於樹枝上不動的狀態，非常像真正的樹枝。而且竹節蟲在白天除非受到劇烈干擾或危及生命的情況，不然都是處於靜止狀態，以不變應萬變。夜晚的森林一片黑暗，是竹節蟲移動與進食的時間，晚上找尋竹節蟲會比白天容易發現，使用手電筒照亮環境，視覺焦點較為固定，只要看到類似樹枝卻會移動的物體，應該就是竹節蟲了。

　　在陽明山的二子坪步道夜觀，最容易遇到底棲型的日本棘竹節蟲，這是一種外觀如同有刺枯枝的種類，在充滿落葉枯枝的森林底層毫無違和感。每種植物牠都會吃上幾口，毫無偏食的問題，遭遇危險會馬上收起六腳，呈現假死狀態藉以欺敵。研究竹節蟲的專家表示，本種應是日治時期跟著園藝植物盆栽進入臺灣，由於移動遷移能力不佳，僅能在北部近郊山區發現。

臺灣唯一被列為保育類的津田氏大頭竹節蟲，主要棲息在臺灣南部恆春，體型如同成人手指粗，體表呈現多層次的綠色，食性單一僅取食林投，通常躲在多刺的林投葉片中，白天通常不會活動，傍晚開始會就近啃食樹葉。遭遇危險時會躲進林投葉鞘，如果被捕捉則會由頭部與前胸左右兩側的「砲台」發射具刺激性的化學物質，以嚇退敵人。2010 年我與好友前往日本沖繩，竹節蟲研究者鈴木成長先生帶路，從海岸林一路觀察到山區，靠海的林投樹林發現為數不少的大頭竹節蟲，由體型來看都已成體，可從交疊的林投葉間直接發現，但只要稍微靠近拍攝，動作稍大或碰觸到林投，牠們便會馬上往後或向下退縮，隱沒在林投葉間。當晚也在森林夜觀，臺灣也有的素木氏瘤竹節蟲，在石垣島亦有穩定族群，體型外觀相差不大。與臺灣不同的是這裡可觀察到公的素木氏瘤竹節蟲，雖然外觀與母蟲相去不大，頭部與身體的瘤狀突起稍有不同，但體型小上一大截，發現時還以為這隻母蟲為什麼背後會有根枯樹枝，讓身旁好友大笑不已。

日本棘竹節蟲可說是用有超完美偽裝外觀的種類。

1. 津田氏大頭竹節蟲除了有完美的偽裝外觀還躲在
　像堡壘的植物中。

2. 就算真的遭遇突破重圍的天敵，還能發射刺激性
　物質來驅敵。

婆羅洲為世界第三大島，由於綿延不盡的雨林被稱為亞洲的亞馬遜，每次來到這裡都有新的發現，尤其是在低海拔的森林，竹節蟲的種類與數量讓人驚喜。其中有種偏好在森林底層棲息的漢氏竹節蟲，外觀像是斷落地面已久的枯枝，已長出白色菌絲。大部分發現時都是在葉子或樹枝上，雖然體型龐大，但一遇風吹草動，就會馬上裝死跌入落葉堆中。森林底層豐厚的落葉，正好是最佳的保護屏障，這時想再找到牠，才是真正考驗觀察能力的開始。

　　另外值得一提的是馬達加斯加東部雨林，此處濕度相當高，樹幹上長滿苔蘚地衣，本來我觀察樹幹的目的是找厲害的附生蘭，但被生態導覽打開天眼後，變成尋找葉尾守宮。樹幹上常有很多節肢動物棲息，例如：蜘蛛、螞蟻、葉蟬之類，這晚我跟好友晚餐後決定再到森林走走，希望能找到更多奇妙的生物。當手電筒的光源順著樹幹往下時，有根長滿苔蘚的樹枝掛著，我心想這大概是狐猴在樹上跳躍時弄斷掉下來的，本來不想理會，卻發現那根樹枝在動，是那種有節奏的晃動，這不會是傳說中偽裝成苔蘚的竹節蟲吧！來馬達加斯加之前我已做足功課，知道有種細細長長的竹節蟲，全身的顏色與花紋如同長滿苔蘚的樹枝，而且頭、胸、腹與六隻腳都有特別的棘狀突起，就像真的苔蘚一樣。對於這種根本沒把握找到的超級偽裝生物，發現時驚喜比初戀還誇張，連心跳都跟著變快，還好竹節蟲的移動速度基本上不快，只要動作小心不要驚擾到牠，基本都能好好觀察與拍攝。

1 看到苔蘚上的苔蘚竹節蟲（*Galactea imponens*）了嗎，是不是找了好久？（婆羅洲沙巴）
2. 幽靈竹節蟲剛從卵中孵化的若蟲，呈現森林底層碎屑樣貌。
3. 體長不超過三公分的竹節蟲（*Hoploclonia nymph*），伸直前腳偽裝成樹枝。（婆羅洲沙勞越）
4. 竹節蟲（*Orthomeria nymph*）若蟲體色與葉柄完全不同，但收起腳緊緊抓住，還是能隱身。（蘇拉威西）
5. 底棲型的竹節蟲（*Orthomeria sp.*），體色與牠停棲的葉子幾乎相同。（越南）
6. 蕨類葉子上的苔蘚竹節蟲一眼就能看出來，停棲位置真的很重要！（海南島）

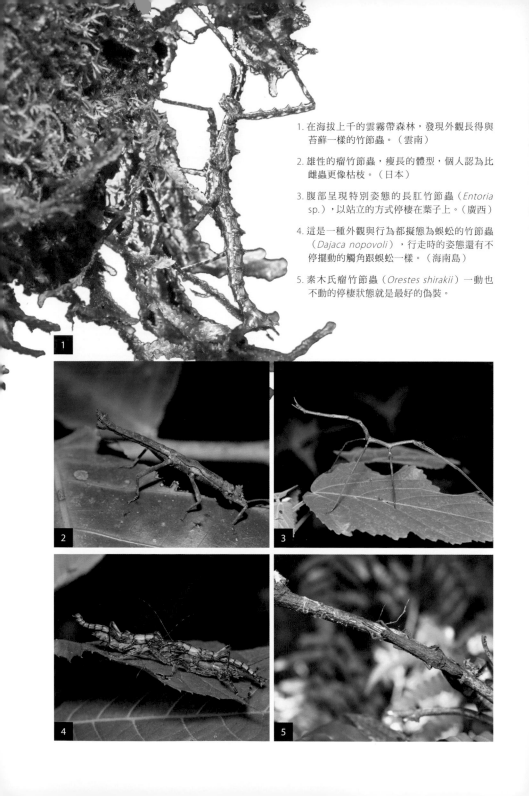

1. 在海拔上千的雲霧帶森林，發現外觀長得與苔蘚一樣的竹節蟲。（雲南）

2. 雄性的瘤竹節蟲，瘦長的體型，個人認為比雌蟲更像枯枝。（日本）

3. 腹部呈現特別姿態的長肛竹節蟲（*Entoria sp.*），以站立的方式停棲在葉子上。（廣西）

4. 這是一種外觀與行為都擬態為蜈蚣的竹節蟲（*Dajaca nopovoli*），行走時的姿態還有不停擺動的觸角跟蜈蚣一樣。（海南島）

5. 素木氏瘤竹節蟲（*Orestes shirakii*）一動也不動的停棲狀態就是最好的偽裝。

扁竹節號稱為最重的種類（*Heteropteryx dilatata*）遭遇危險時會使用充滿硬棘刺的後腳夾踢。（馬來半島）

馬來大葉螬就像是昆蟲界的大明星，也是同屬中體型最大的種類。（馬來半島）

別騙我！這就是一片葉子！
非典型竹節蟲

　　日本生態攝影師今森光彥在《世界昆蟲記》一書中記錄各種不同昆蟲，其中最讓我驚豔的是「葉子昆蟲」。葉子昆蟲的英文 leaf insect 是非常直觀的名稱，這是在東南亞雨林拍攝葉䗛時，如果有其他旅客看到時，最貼切的形容詞。外觀跟葉子殊無二致的昆蟲，身體是一片葉子的形狀，一樣有葉脈，每一隻的顏色皆有差異，不同個體甚至出現曬斑（註）或缺刻，與森林的樹葉完全相同。雖然我早在小學就知道有這樣的昆蟲，但百科全書上看到的是版畫線條，與真實的生態照完全不同。葉䗛好照顧，我曾在家中飼養，只要給予乾淨的芭樂葉就能毫無困難地養大。但只是在人工環境看牠很像樹葉的外觀，真的無法滿足我的觀察欲，所以開始跑雨林時，便決定要到牠的原生環境實際觀察。

　　第一次在產地見到本尊是在泰國，當時跟清邁友人提到希望看葉䗛的活體，友人隨即撥打電話聯絡，得到的消息是在清邁下方的南邦（Lampan）有人專門找葉䗛，我們問好地址後馬上驅車前往。來到位於森林邊緣的住宅，貌似老闆娘的人前來打招呼，她微笑帶領我們進入中庭，她站在龍眼樹旁，指向其中一片樹葉，是活生生的葉䗛，我終於在牠的原生棲地看到了！仔細找一下發現龍眼樹上大概有數十隻，「這些葉䗛在森林都吃這個樹葉嗎？」我好奇的問，答案當然是否定的。原來這些葉䗛都是附近的農人耕作時發現，帶回來賣給老闆娘。老闆娘為了方便管理，直接將牠們養在龍眼樹上。我原本希望有人可以帶領進入森林找尋，但除了時間不允許之外，老闆娘也表示葉䗛可遇不可求，要在野外環境遇到沒那麼簡單。由於無法在原生環境中拍攝，我有點失落。

親眼看到泰國產的葉䗛，內心的感動很難形容，就算他是被飼養在住家。

我認真思索如何在偌大森林裡找到葉螩，在馬來西亞好友帶領下，我前往金馬崙高原（Cameron Highlands）附近低海拔原生雨林。我們進入森林後感受雨林特有的潮濕悶熱，好友說找葉螩有兩個方法，一個是隨機在森林走動，因為有時突如其來的大雨或陣風，會讓葉螩受到驚嚇，縮起六隻腳從樹上掉下，讓剛好經過的人遇到。第二種就是抬頭走路，我一臉狐疑看著好友，他正抬著頭搜尋，我也跟著抬起頭看著透光的樹葉，在逆光的情況下，樹葉的輪廓與葉脈變得清晰可見，尤其是被昆蟲啃過的缺刻也變得非常明顯。好友提醒我要注意被啃過的樹葉周邊，如果看到形狀不太相同的葉子，那應該就是葉螩了。雖然在偌大森林裡找尋一隻外觀如同樹葉的昆蟲，應該比登天還難，但在熱情與不放棄的堅持下，終於有所收穫。

　　第一隻自己在森林中找到的葉螩出現了，在透光的葉子上看到類似腳的剪影，搭配長焦鏡頭觀察，對！就是牠沒錯！好久沒有亢奮時到手發抖了，深怕是自己看錯，透過工具將樹枝拉低時非常小心，擔心弄傷葉螩或是掉落後找不到。面對最高明的偽裝術，需要抽絲剝繭般的觀察能力，才能將他們找出來。

1

1. 黃色個體的葉螩若蟲，腹部兩側的曬斑如同雙眼。（馬來半島）
2. 這隻大葉螩腹部的霉斑與葉子的食痕搭配的剛剛好。（馬來半島）
3. 透過逆光找尋葉螩雖然曠時費力，但找到的成就感無與倫比。（馬來半島）

2

3

2013 年底與幾位好友相約至沙巴的神山國家公園總部，原因是朋友的民宿以自然環保為主，希望我們用五天四夜調查周遭的動植物種類，以便讓來住宿的旅客對環境有更深一層的了解。由於國家公園周遭禁止開發砍伐，所以森林樣貌非常完整，民宿位於山坡高處，站在民宿一樓的露台便可飽覽美麗風景，偶爾還能看到犀鳥一前一後鶼鰈情深的地劃過森林。傍晚在二樓視野開闊的陽台設置一盞燈光，用以調查趨光的昆蟲種類，安排好後，我們背上攝影裝備，前往森林步道做夜間生物調查，再回民宿時已經午夜。迫不及待地上樓確認燈光誘集的成果。

　　白布上滿滿的各式昆蟲，其中最大宗為蛾類，再來是鞘翅目的甲蟲，椿象種類也不少，還有讓人望而生畏的蜂類。大概瀏覽後與夥伴開始分工記錄物種，我的拍攝習慣是從大到小，才對好焦要按下快門，右手手背突然有昆蟲爬行的感覺，放下相機一看，竟然是一隻公的葉䗬！葉䗬的公母外觀差距極大，公蟲體型較為瘦長，外觀如同扭曲的枯葉，成蟲有翅膀，相當善於飛行，夜晚具有趨光性。母蟲則完全不同，外觀如同健康完整的葉子，成蟲也有翅膀，但相較於身體的重量，已無法飛行，會吊掛在寄主植物上，等待公蟲找上門。這晚來了數隻公的葉䗬，依照外觀型態稍作分辨，應該是兩個種類，由於葉䗬的棲地環境是完整的森林，可見周邊環境雖然還有民宅與民宿，但維持非常好，加上國家公園的大護傘，可看出民宿以生態為主題的方向非常正確，也希望每次來都能見到這些美麗少見的昆蟲。

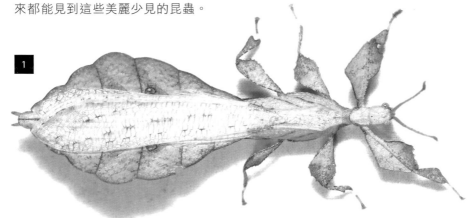

1

1. 同一晚出現的枯葉色雄性曼麗葉䗬（*Phyllium mannani*），腹部為葉狀，是不同的種類。（婆羅洲沙巴）
2. 雄性葉䗬找到雌性後會牢牢地抓住，不輕易讓出交配機會。
3. 馬來大葉䗬從卵中剛孵化的若蟲，顏色形狀與森林底層的落葉一樣。（馬來半島）
4. 被大風吹下來的葉䗬（*Phyllium sp.*）若蟲，不知為何少一隻前足。（婆羅洲沙巴）

國王新衣的變色機制

　　大家耳熟能詳的安徒生童話故事，敘述一位愚蠢的皇帝被幾位騙子愚弄，裸身卻自以為穿著美麗衣裳向大眾展示，最後被單純的孩子戳破謊言。「國王的新衣」這句話被引申為自欺欺人、愚蠢、謊言的意思。但對自然環境中的生物來說，新衣這件事可不是那麼簡單，有個閃失就必須付出生命，因此新衣必須依照環境做調整，以降低被捕食的機會，提高存活率。

　　不同的偽裝生物外觀各有千秋，如武俠小說中不同門派的獨門絕技。爬蟲和頭足類有變化莫測的變色細胞，隨時能依照環境、情緒、溫度改變體色。昆蟲界亦不遑多讓，因為同一種類，也有多變的體色，但牠們體色變化的機制，與體表擁有變色細胞的爬蟲並不相同，而是在尚未成蟲之前都還有機會的蛻皮變色大法。

　　被當作寵物昆蟲飼養的幽靈竹節蟲通常都是褐色，幾年前在社群媒體有原產地的自然愛好者貼出地衣色型的幽靈竹節蟲，當下驚為天人！近幾年飼養竹節蟲愛好者的好友丁昱仁律師，成功養出地衣色型竹節蟲，經過討論才知道可能與飼養環境大有關係。剛孵化的一齡若蟲統一為褐色，這時開始給予布置長滿苔蘚地衣樹枝的環境，轉齡兩次（脫皮兩次）後的三齡若蟲就能看出是否為地衣色，但地衣色型必須持續飼養在原先提供的環境，才能每次脫皮維持地衣色到成蟲。若三齡後離開這個環境，將會在幾次脫皮後變回原來的褐色。丁兄幾年累代的經驗指出，如果從剛卵孵化的若蟲就開始給予苔蘚樹枝環境，大約100隻若蟲中能在三齡成為地衣色型的約有10%。但如果一齡若蟲並未給予相關環境，等到三齡後再給也不會變成地衣色型。此外，如果產卵的雌成蟲是地衣色型，則卵孵化的幼蟲成為地衣色型的機率可能更高。

　　另外一種被當作寵物昆蟲飼養的艷陽扁竹節蟲，也擁有這樣的變色機制，有基本體色與苔蘚色型。目前就讀台灣大學昆蟲學系的研究生張書銘先生，同樣使用環境因素，在飼養空間布置苔蘚樹枝，若蟲變成苔蘚色的機率比起扁竹節蟲更為穩定，變色關鍵除了從小給予環境外，到底誘發機制是什麼？我曾與幾位好友討論過各種可能，例如吃了苔蘚所以產生機制、光線誘發機制、昆蟲視覺引發變化，加上各種因素都想過，無奈一直因故尚未設計實驗與對照組。

上圖為正常色型的幽靈竹節蟲（*Extatosoma tiaratum*），體色為淺褐色至深褐色。
下圖是地衣色型的幽靈竹節蟲，體色為白色搭配黑色斑紋。

植物會吃肉？
－ 螳螂目

南美枯葉螳螂（*Acanthops* sp.）像片落葉掛在樹枝上。

看到角胸奇葉螳螂 (*Phyllothelys cornutus*) 倒掛在柳杉上偷偷注意你嗎？（臺灣）

螳螂世界的模王大道

目前世界上已知發表的螳螂超過 2,400 種以上的分類群，這是肉食昆蟲界中最擅長使用隱身術的大門派。其中有三大主流：花朵、樹枝和葉子，讓森林中的獵食者與被獵食者無法清楚分辨，直到錯過機會或付出生命。簡單的隱身技能卻擁有豐富樣貌，如何找出牠藏身何處，必須了解螳螂的生態行為，修煉更為高超的觀察技巧，才能收服這些森林中的高手。

大部分人認知的螳螂都是綠色，這是因為這類色型的螳螂常會在城市與近郊出現，就連我出生長大的台北市中心，也很容易發現綠色的螳螂。在台灣這類常見的綠色螳螂如斧螳、大刀螳，他們外觀如同細長的葉子，如果停在與其外表類似的植物上，例如停在芒草上，細長的身形就更容易與芒草融為一體。但世界植物種類何其多，依照環境不同，這類綠色螳螂的外觀樣貌可沒你想的那麼簡單，例如南美洲的葉螳，成蟲的前胸背板與前翅樣貌與真正的樹葉殊無二致。當葉螳遭遇干擾時，會將六足收進前胸與翅膀下，讓自己更像一片掉落的葉子，藉此來騙過可能的天敵。

說到枯葉螳螂，難以發現的身影、與枯葉殊無二致的樣貌，是讓所有自然觀察愛好者與生態攝影師都會瘋狂的物種。依照自己在野外觀察過的枯葉螳螂，同一種類的外觀、花紋、顏色，都會有不同的差異，尤其是前胸與前翅的顏色花紋差異最大。2014 年我撰寫《螳螂的私密生活》一書，以飼養的枯葉螳螂來說，就算同種類，同一個螵蛸孵化的若蟲，在同一個環境長大，取食一樣的昆蟲餌料，成蟲之後還是有些微差異。若改變飼養環境的位置，讓光源有明顯差異，飼養環境布置枯葉與苔蘚，成蟲後的體色與斑紋差異會更大。藉此可以推論：在自然環境同一種的枯葉螳螂會有不同樣貌，想找到牠們就無法依照刻板的圖像記憶，必須特別注意螳螂的姿態與捕捉足特徵，才會比較容易在環境中找到牠們。

世界各地都有長得像枯葉的螳螂，幾乎都是隨機遭遇。很多人問我要怎麼找到這些就算看到也當成枯葉的螳螂？其實真的就是運氣而已。但這樣回覆未免太過草率，我整理了幾個特別重要的點，可以提高找到牠們的機會。

1. 如同兩片枯葉組成的眼鏡蛇枯葉螳螂（Deroplatys truncata）。褐色型（馬來半島）
2. 因前胸形狀為菱形而得名的菱背枯葉螳螂（Deroplatys lobata）淺褐色型（馬來半島）
3. 偽裝成捲曲枯葉的馬來大巨腿螳（Hestiasula sp.），捕捉足腿節的花紋也像枯葉。（馬來半島）
4. 趨光的雄性眼鏡蛇枯葉螳螂前翅是葉脈的紋路。（婆羅洲沙巴）
5. 淺褐色的三角背枯葉螳螂（Deroplatys trigonodera）身上帶著淺淺的苔蘚綠。（馬來半島）

　　第一次發現枯葉螳螂是在婆羅洲的姆露國家公園，當天下午稍有雨勢，但半小時後就停了，夜晚的步道還是濕的。晚上找生物拍照這件事非常消耗時間，500 公尺大概要花上數個小時。我搜尋時會從上到下，大概手電筒光源能觸及的範圍都是觀察重點。記得當時我正在拍攝一隻攀爬在樹枝上的木紋樹蛙，高度大約在腰部，我是以半蹲的狀態取景，好友則蹲在旁邊繼續找生物。我才剛拍完在確認照片，就聽到好友說：「這片長滿青苔的枯葉很怪，」於是兩個人都趴倒在地，轉個角度發現，這是一隻倒掛在樹枝上的枯葉螳螂，頓時間歡聲雷動，這根本中頭獎呀！後來幾次找到枯葉螳螂都是同樣的情況：濕度很高的森林，高度通常在膝蓋以下，喜歡以倒掛方式停棲在灌木叢。經過數次觀察與整理，我認為枯葉螳螂這樣的行為與其獵食行為有關，膝蓋以下的高度是森林底層生物活動熱區，尤其又在灌木叢中，各種昆蟲動物遊走其中。依照數次找到的經驗，牠們倒掛的高度都是捕捉足可以碰到地面的高度，這裡指的地面是森林底層，充滿枯葉落葉，意味著只要有昆蟲動物經過，就會進入伸「手」可及的捕捉範圍。

　　外觀與枯樹枝相似的螳螂種類也相當多，在森林中真的很難發現，主要是細長的身形，搭配不同的棘狀突起、色彩斑紋，讓人無從辨識。還記得 2001 年第一次為了一圓雨林夢，前往泰國北部的清邁，其中一晚在森林邊的村落落腳，民宿旁民家的門口有盞昏黃的照明燈，燈旁聚集非常多趨光的昆蟲。由於我的主要目的是找甲蟲，確認沒有目標物後便在一旁等待，好友則在研究燈旁的樹枝，我正在好奇那根樹枝有什麼好看的？沒想到好友突然大聲歡呼，這是外觀跟樹枝一樣的螳螂！當時我只看一眼便無趣的在旁發呆，現在回想起來真的很可惜，因為之後每年雖然都會去清邁跑雨林度假，卻再也無緣見到當時那種外觀的樹枝螳螂。

　　要找偽裝成樹枝螳螂的方式有幾種，最簡單的莫過於走訪森林步道，但是這樣效率極差，只能依靠運氣。另一種方法就簡單多了，可以設置燈光吸引牠們飛來，因為螳螂大部分具有趨光性，但僅限於公螳螂，因為公的具有比較好的飛行能力。還好這幾年都有馬來西亞與婆羅洲的好友協助，得以在許多保護良好的森林調查，夜間打開燈光設備後，吸引許多森林中難以發現的昆蟲靠近，其中就有數種外觀與樹枝非常相似的螳螂出現。這些螳螂的姿態都很特別，身體細長，腳更細長，習慣以倒掛方式停棲。若不是親眼所見，真的會被牠的偽裝騙過而當成一根樹枝。

1. 貝氏箭螳（*Toxodera beieri*）可說是螳螂偽裝成苔蘚的最高峰。（馬來半島）

2. 赫氏箭螳螂（*Toxodera hauseri*）倒掛呈現掉落枯枝的樣貌。（婆羅洲沙巴）

3. 莫氏苔蘚螳螂（*majangella moultoni*）毋庸置疑的外觀。（婆羅洲沙巴）

4. 樹皮上移動的螳螂（*Liturgusa* sp.）若蟲，體表是苔蘚花紋。（秘魯）

5. 頭上長冠的螳螂（*Ceratocrania macra*）是掉落在苔蘚上的樹枝。（婆羅洲沙巴）

藏身花叢盯著獵物的綠大齒螳。（臺灣）

偽裝跟花朵的連結

自然觀察的八字箴言「花前葉下、人多視眾」，意思就是找蟲時，花朵是提供昆蟲食物的來源之一，葉背則是昆蟲躲藏最好的處所，找蟲的時候，一人只有一雙眼，眾人就有無數雙的眼睛，能找到更多的昆蟲。

找花確實是帶著相機外出或帶團觀察時最好的標的。花朵會招蜂引蝶，各種昆蟲在其中穿梭，自然而然吸引許多掠食者在旁等待。這些準備大快朵頤的掠食者，當然不會大刺刺在花旁搖旗吶喊，嚇跑要來用餐的昆蟲。所以常在花朵旁邊出現的掠食者，也有超厲害的隱身外套，最有名的應該就是蘭花螳螂，因為牠的成蟲與若蟲外觀都跟花朵相似。

大家都說蘭花螳螂會停在花朵旁，假裝是一朵花，等待不知情的昆蟲靠近。以若蟲的外觀態樣來說，確實如此，但成蟲的樣貌就沒那麼像，硬要說是在旁邊假裝一朵花，不如說是因為不動，所以讓其他昆蟲沒有戒心。依照我在產地遇到的情況，確實也跟大家想的不太一樣，多半是在植物枝條或葉子上偶然發現。根據產地的朋友說，蘭花螳螂的若蟲確實會停在花朵旁等待獵物靠近，但通常是在較高的植物上。我看到的多半是被狂風或下雨打落，或是躲避掠食者掉下來。

台灣斧螳（*Hierodula formosana*）如同植物的身形，讓訪花昆蟲防不勝防。（臺灣）

在南美洲也有特別際遇，我本來最想找的是葉背螳螂，這是一種前胸背板特化為五角形，成蟲的前翅也變得像葉子一樣的大型螳螂。雖然每天都很用心找尋，但可能產地與季節都不對，絲毫沒有發現，卻找到另一種外觀不遑多讓的螳螂。

那天我已經在森林步行大半天，正在樹蔭下休息片刻，看到旁邊的植物正在開花，便拿起相機隨手記錄。拍攝時花朵後方似乎有個奇怪的物體，看起來像尚未開花的花序，我將相機焦距對向該物體，竟然是一隻頭上長角、全身花斑的螳螂正在瞪著我。身上綠、黃、白相間，是容易與環境融合的斑紋，捕捉足收起的姿態，也與印象中的螳螂不同，這是之前完全沒見過的種類。大概是被我的動作嚇到，牠立刻壓低身形趴倒在葉子上，這時看起來反而像是有病蟲害而捲曲的葉子。這時朋友湊過來問：「阿傑拍什麼？」我指向那隻螳螂，朋友看了一眼說：「拍這些葉子做什麼？」這隻螳螂的隱身披風果然有效！

蘭花螳螂總是在不經意時出現，也沒有在花朵旁觀察的紀錄，但他自己就已經是朵花了。（馬來半島）

1. 躲在花朵旁的螳螂（*Callibia diana*），等待訪花的昆蟲上門。（秘魯）

2. 華麗弧紋螳螂的前翅花紋在人類視覺像個奸笑的人臉，但在自然環境中有打破形體融入環境的作用。（馬來半島）

3. 南美葉背螳（*Choeradodis rhomboidea*）把自己化身一片葉子。（秘魯）

4. 蘭花螳螂的成蟲顏色很像花瓣，在自然環境中不動，應該很容易被掠食者當成一朵花。（馬來半島）

變色的螳螂

學者將作為研究對象的螳螂，分成野外與實驗室的對照組，在棲息環境的光線改變下，實驗室的螳螂在蛻皮後紛紛轉為另一顏色，而同一時期在野外的螳螂蛻皮後並未變色（Barnor, 1972）。推論這是螳螂基因密碼或生理機制的作用。另一個實驗則是螳螂在乾濕度不同的環境下，也會誘發變色機制的發生（Edmunds, 1974）。但無論是濕度或是光照，都必須經過脫皮的過程，顏色才會改變。

6

刺吸式口器
－半翅目

田鱉的若蟲遭遇干擾會潛藏到水中，以躲避可能的危險。

超狂水中偽裝者

　　小學時曾住台北市六張犁三年，那時每天下課後就跑到現今的富陽生態公園和福州山公園一帶，抓蟲養蟲，其中最棒的回憶是在當時學校旁的嘉興公園。我和同學經常在下課後待在公園中的人工水池觀察，池旁的大樹根系已長入水中，很多樹葉掉落在池中的樹根上，雜亂的樹根與充滿有機物的落葉成為各種小生物的聚集地，小蝦、蝌蚪、大肚魚，還有很多跟樹葉、樹枝相似的昆蟲，其中最有趣的發現經驗是水螳螂。當時在水邊看日本沼蝦被我放置的萬能餌吸引過來，不停夾食分解掉落的餌料，大肚魚也來搶食蝦子掉落的餌料，我拿著網子抓蝦的時候，一隻大肚魚好像被什麼抓住，在樹枝旁拚命扭動掙扎，為什麼一根樹枝會抓住大肚魚？我仔細看，竟然是長得很像樹枝，有六隻腳類似螳螂的生物（當時還不知道有水螳螂這種昆蟲），那隻魚慢慢不動了，而像螳螂的生物，頭部在魚體遊走，偶爾會讓身後的呼吸管露出水面換氣，這個畫面讓我難忘，就好像看日本時代劇的忍者，水遁後必須依靠蘆葦空心的莖或竹子管呼吸，還曾因此跟同學切下竹子打通後，躲在水中靠竹管呼吸。

　　水螳螂是水生椿象的一種，外觀與樹枝相似，全身褐色至深褐色，手長腳長，停在水中伺機而動，只要不長眼的傢伙靠近就會被當作大餐。這樣的外觀只要棲息的環境是枯枝落葉，水螳螂就會自動融入成為枯枝。嘉興公園可說是我的水生昆蟲啟蒙地，雖然改建後水池被填平作為停車場，但依然是我心中的美好回憶。

外表與枯樹枝完全相同的短尾水螳螂（*Cercotmetus brevipes*）透過呼吸管換氣時移動才被發現。（臺灣）

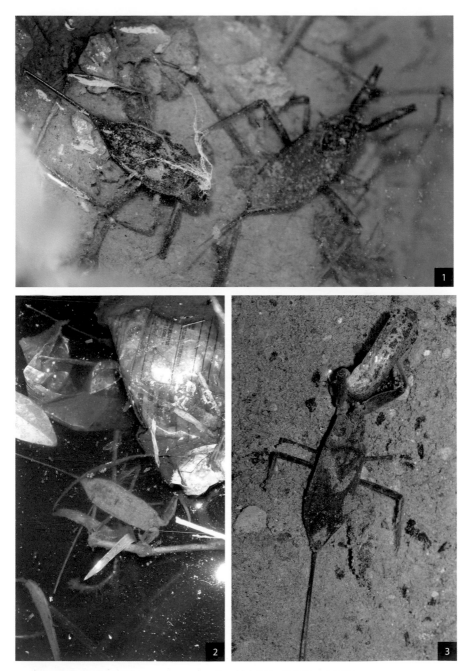

1. 剛脫皮羽化成蟲的紅娘華（*Laccotrephes* sp.），是水中的一片枯葉。（臺灣）
2. 棲息在長滿藻類的水中，紅娘華身上也附著綠色的藻類。　3. 紅娘華成功捕食蝌蚪，進食中。

外觀如同枯葉樹枝的水生昆蟲可不少，除了水螳螂之外，還有紅娘華、田鱉，同樣都是水生椿象。依我的經驗，最常見的是紅娘華，溪流靜水域、池塘、沼澤和山溝都有機會發現，但許多人會視而不見，畢竟紅娘華從小到大就是一副「我是枯葉」的樣子，一般大眾哪能在千百片枯葉分辨出誰是誰。反而是偶爾在林道積水處可以發現零星的紅娘華成蟲，推測應該是飛出找尋更大的水體，到積水處休息的概念。由於只有一隻停在水邊，旁邊也沒什麼落葉，實在很容易被看出來是一隻蟲，但對於自然界的掠食動物來說，紅娘華不動時就只是一片枯葉。現在水螳螂不是那麼容易找到，並不是牠的外觀偽裝有多厲害，而是賴以棲息的環境不斷被填平開發，以致於常常跟生態好友聊起水螳螂時，大家都露出一副很難找的表情。不過最難找的其實不是牠，而是大田鱉。

目前臺灣紀錄兩種，分別是 *Lethocerus indicus*（Lepeletier & Serville, 1825）印度大田鱉與 *Kirkaldyia deyrolli*（Vuillefroy, 1864）狄氏大田鱉（又稱日本大田鱉）。印度大田鱉頂著臺灣最大水生昆蟲霸主的名號，曾經在水田、農業灌溉溝渠、水塘、湖泊到處橫行，長者說田鱉的台語叫水哮，客家人則稱為水剪仔，也查到如水龜、桂花蟬等名稱，字面上的意義與牠的外觀（前足如剪刀）、生態習性（潛在水中）、味道（遭遇危險分泌的氣味）有關。牠如同枯葉的外觀曾被農人恨得牙癢癢，畢竟被咬（叮）到，可是劇痛難耐。大田鱉成蟲外觀顏色如同枯葉，以中、後足固定在挺出水面的植物或樹枝，特化的前足為張開狀態，通常會長久維持不動等待獵物靠近，某個程度來說跟螳螂非常類似，只要獵物進入捕捉範圍會馬上收合前足，並以前足的爪鉤牢牢插進獵物身體，避免獵物逃脫。水生的蟲、魚、蝦、蛙類、龜鱉，甚至幼蛇都是牠的獵物。但後來因為農藥、環境開發、水塘填平，棲地已蕩然無存，目前僅剩零星地區還有機會見到牠。

1

1. 在民宿門口拾獲的大田鱉，應該是前一晚趨光而來。（馬達加斯加）
2. 印度大田鱉雄蟲會搖動身體在水面形成水波，吸引雌蟲注意前來為的是達成配對的目的。（臺灣）
3. 剛孵化的田鱉若蟲體色深淺相間，是很好的偽裝色。（臺灣）
4. 護卵中的印度大田鱉（*Lethocerus indicus*），發現我們後稍微轉向另一面。（臺灣）

新月角蟬（*Cladonota sp.*）如同枯枝、乾葉鞘的外貌相當特別。（秘魯）

角蟬的真實世界

　　關於角蟬的觀察，可說是許多生態愛好者與攝影人士的愛與恨！畢竟外觀這樣奇特、精緻、有趣的昆蟲，大家都想拍攝，問題出在角蟬的體型非常小，體長只有 3mm 到 10mm，在森林中想找到牠真的很難。更讓人詫異的是小小的角蟬，分類群已超過 3,000 個種類，外觀歧異度之大超過想像。體型都已經那麼小了，還特化成各種不同的樣貌隱藏在森林中，根本是要逼死人。許多人問我到底要怎麼找角蟬？首先就是了解牠的習性，才能破解角蟬偽裝術。

　　認真找尋角蟬的契機，是在十多年前某個夜裡，森林步道只有我一人，慢慢走找尋停在植物莖葉的昆蟲。眼前的葛藤（豆科植物）正值花期，我習慣性地拍張紀錄照，旁邊懸垂的莖上有幾隻螞蟻徘徊，不免好奇牠們在忙什麼。仔細觀察後赫然發現，螞蟻正使用觸角不停敲擊植物莖上的突起物，那是植物的芽點嗎？我還在思索時突起物竟然移動了！螞蟻則如護衛般緊跟在旁。首次見到奇特景象，讓我興奮不已，除了拍照記錄外還仔細在附近搜尋，雖然沒有找到其他線索，但疑問已經變成追尋答案的動力。回家後馬上查閱各種資料，並將照片寄給昆蟲本科系的朋友辨識，原來那突起物是某種角蟬的若（幼）蟲，這次邂逅也正式開啟我長期追蹤角蟬的決心。

　　角蟬體型那麼小，不像鞘翅目的甲蟲遇到敵人時有堅硬的盔甲保護；也不像膜翅目的蜂類具有高超的飛行技術，遭遇危險時除了快速飛離之外，還能以尾部的螫針還擊。但角蟬的外觀與體色常能與環境融合，發揮偽裝的功能。以葛藤常見「三刺屬」的角蟬來看，剛由卵孵化的若蟲很小、體表有細毛、體色翠綠，與葛藤的莖非常相似，通常聚集在莖葉分叉處，在羽化成蟲之前體色皆維持與寄主一樣的綠色。我經由觀察推測：若蟲時期藉由外觀與體色偽裝成植物莖葉以躲避天敵。

臺灣有種外觀奇特、數量稀少，被暱稱為五角龍的鋸角蟬，一直是我找尋的目標物。由生態愛好者所拍攝的照片判斷，牠的寄主應是懸鉤子屬的植物，但連續幾次找尋一無所獲，很是氣餒。直到有天與日本九州大學博物館研究角蟬分類的丸山宗利博士聊天，他提起這種角蟬的外觀為褐色，與樹皮或木質化的莖相似，或許可以從這個方向找尋。果然在丸山博士的建議下，在懸鉤子植物木質化莖段上，找到夢寐以求的鋸角蟬，原來之前卡關就是因為沒有仔細思考牠的外觀體色與環境關係。

角蟬成蟲後背上的角，以形狀來說可能偽裝為植物的刺，避免被天敵發現。根據個人觀察在環境中獵捕角蟬的天敵，除了蜘蛛、獵椿外，蜥蝪與鳥類應該也是牠的天敵。當牠們捕食角蟬時，角是否會讓捕食者因為難以吞嚥而發揮保護作用，這點還需要實際觀察才能證明。但至少上述幾點，說明了各種不同角蟬的若蟲、成蟲，其外型、體色這些特徵在寄主植物上也能達成與環境融合的效果。

1. 角蟬（*Aconophora* sp.）應該是偽裝成枯葉碎片或乾掉的花朵苞片。（秘魯）
2. 幾位朋友討論這種角蟬（*Enchenopa* sp.）的外觀像是花朵的苞片，又像是乾掉的葉鞘。（秘魯）
3. 角蟬若蟲喜歡停在枝葉分叉處，看起來就是植物的一部分。（秘魯）
4. 紹德氏錨角蟬（*Leptobelus sauteri*）若蟲外觀非常有趣，很難形容像什麼，就像不明碎屑。（臺灣）
5. 三刺角蟬（*Tricentrus* sp.）若蟲的體色與植物莖色相訪，確實有隱身的效果。
6. 扮蟻角蟬（*Cyphonia clavata*）身上的球狀物與棘刺乍看之下很像螞蟻。（秘魯）

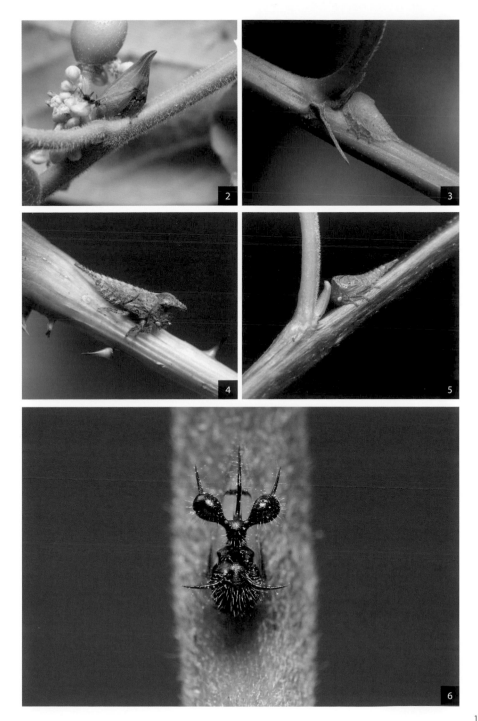

1. 三刺角蟬（*Tricentrus* sp.）若蟲群聚在枝葉分岔處其實並不顯眼，反而是照顧角蟬的螞蟻引起我的注意。（蘇拉威西）

2. 外觀如枯葉碎片的枯葉角蟬（*Stegaspis fronditia*）雌蟲，確實很難被當成一隻蟲。（秘魯）

3. 角蟬（*Amastris* sp.）與寄主植物的外觀完全相同，旁邊還有一隻若蟲，看出來了嗎？（秘魯）

4. 可以從複雜混亂的環境中找到丸角蟬（*Gargara* sp.）嗎？

5. 丸角蟬的體形體色與植物新芽非常相似。

假仙生物小百科

丸烏帽子角蟬

在自然環境中，高對比、黑白相間的醒目體色並不是一般的偽裝，而是警告意味濃厚的象徵。研究角蟬的學者丸山博士認為黑白、黑黃的強烈對比可能是有毒的警示。

無論日夜都翩翩飛舞的仙子 - 鱗翅目

原以為是樹幹的瘤突，轉過來看背面才發現是白薯天蛾（*Agrius convolvuli*）。

蝶蛾類變變變！

　　蝴蝶可說是大人小孩都喜歡的昆蟲界大明星，問過很多朋友原因，大部分是因為外型漂亮、顏色鮮豔、容易觀察。若說蝶類會偽裝，可能很多朋友存疑，蝴蝶幾乎都是對比色、鮮豔色、金屬色，非常引人注目，不像蛾類才是天生的偽裝高手。其實蝴蝶中有許多低調分子，外觀毫不虛華，甚至可說是低調，而有的蛾類也有超級亮麗的外觀，比起蝶類毫不遜色。到底蝶蛾類是怎麼施展各自的招式，讓我舉幾個例子來分享吧。

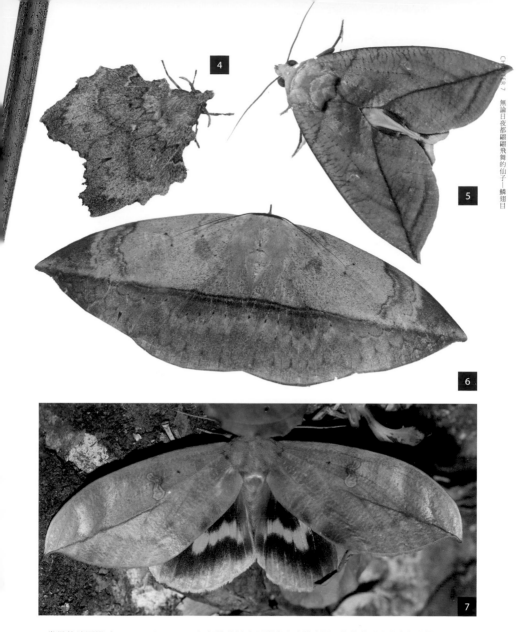

1. 常見的地圖蝶（*Cyrestis thyodamas*）翅膀花紋容易融合在森林底層，停在葉子上也有枯葉效果。（臺灣）

2. 夜觀時發現停棲在枯葉的蛺蝶（*Zeuxidia amethystus*）有種驚喜感。（婆羅洲沙巴）

3. 蛺蝶（*Anaea* sp.）翅膀合起的紋路真的很細緻迷幻，會想要看清楚花紋的排列。（秘魯）

4. 可以形容是枯葉碎片飛來趨光的枯葉蛾（*Takanea diehli*）。（婆羅洲沙巴）

5. 外觀好像兩片準備枯黃的葉子組成的裳蛾（*Eudocima sikhimensis*）。（婆羅洲沙巴）

6. 裳蛾（*Hypopyra* sp.）是完整的一片枯葉自己飛到布上。（婆羅洲沙巴）

7. 黃帶擬葉裳蛾（*Phyllodes eyndhovii*）遇干擾時會將前翅打開，用鮮豔後翅威嚇天敵。（婆羅洲沙巴）

假裝枯葉我也會

　　從小到大，只要走進低海拔森林步道，就很容易遇到枯葉蝶、蔭蝶，可說是在我生態啟蒙時期最重要的蝴蝶觀察種類。牠們都可在類似環境找到，但若硬要細分還是有些微不同，枯葉蝶熱愛停在腐熟水果旁享受大餐，蔭蝶則是林下陰暗處活動居多。這兩種蝴蝶的共通點，就是翅膀上的花紋與顏色都與森林底層的落葉非常相似，若不仔細觀察會被矇騙過去。這樣的經驗不只是在台灣，南美洲秘魯也有這種外觀詐騙集團，而且還是世界知名的蝶種「摩爾佛蝶」。

　　還記得第一次踏上秘魯，雖然非常興奮，但經過 29 個小時的長途飛行，身心勞累，根本沒有精力思考要找什麼生物。隔天再經過十多個小時長途車程，跨過安地斯山脈來到東部雨林。這裡真的什麼都很新鮮，就像同行好友說的，「沒到過的地方，雜草都是寶。」我們離開市區進入森林後，真的到處都是寶，各種曾在書上看過的昆蟲一一現身，路旁山壁滲水處就有拍不完的昆蟲，倒木上盡是不同甲蟲與蚰蜒，只要停下車就會拍照到忘記時間，簡直是生態攝影愛好者的天堂。

　　前往秘魯第二大城阿塔拉亞（Atalaya），又是一整天的車程，森林中的道路與我們想像不同，只能以安全的速度前進。忽然眼前一道藍色閃光，我以為是自己眼花，直到同行夥伴也看到，向我求證是否看到藍色閃光飛過，我們才開始跟嚮導討論那道「藍色閃光」是什麼。嚮導給我們一個非常震驚的答案；Morpho。這下全車暴動了，要求司機馬上停車，大家拿了相機奪門而出，跟著那道閃光追去。

　　在林道上等待時，數次目擊摩爾佛蝶飛過森林，雖然偶爾會停下，但總是說飛就飛，很難仔細觀察與拍好照片。直到有隻摩爾佛蝶停在前方樹枝上，我才得以看清楚牠。大部分人對於摩爾佛蝶的印象就是美的不可思議的金屬藍光澤，另一面則是低調的顏色與花紋，與森林底層的落葉非常相似。我跟嚮導聊起觀察經驗，原來摩爾佛蝶也會在溪流邊吸水，運氣好的話有機會遇到群聚。嚮導形容畫面非常壯觀，如果沒有仔細看，會以為是一堆震動的枯葉插在溪床上，我真希望自己也有機會目睹這麼夢幻的畫面。

展開翅膀後顯現出世上獨一無二的藍色金屬光澤。

1. 專心吸水的墨涅拉摩爾佛蝶（*Morpho menelaus*）的收起翅膀是非常低調的花紋與顏色，打開翅膀則是絢麗奪目的藍色金屬光澤！（秘魯）

2. 停棲在林道上的蔭蝶，要不是翅膀比落葉稍微鮮豔的顏色，真的沒看出是隻蝴蝶。

關於大眼睛的祕密

　　我與朋友聊過幾次蝶蛾類翅膀上的擬眼紋，確實看起來很像眼睛，例如：大型蛾類的超大眼紋、眼蝶類（蛇目蝶）的多眼紋、小灰蝶後翅尾會動的眼紋，推測對於掠食者有嚇阻保命的效果。以觀察的角度來看，蝶蛾類翅膀上的圖案確實與眼睛相似，例如大型蛾類的擬眼紋比較像大型動物眼睛，可以嚇退準備把牠當作食物的動物。小灰蝶翅尾的擬眼紋容易混淆掠食者，把這裡當作頭部做出錯誤的攻擊判斷，讓小灰蝶有逃脫的機會。這部分與多眼紋的蝶類有異曲同工之妙。但我與好友討論時也認為，這是以人類視覺的觀點來說，動物看到這些擬眼紋就真的會當作動物眼睛嗎？目前研究顯示，學者以特定幾種蝴蝶的眼紋做研究，這些眼紋對於掠食者確實有一定的嚇阻作用，原因在於蝴蝶翅膀上的圖案是由鱗片組成，就我們的肉眼來說是 2 D 平面，但從顯微的方式發現，鱗片的排列高低不同，動物的視覺看到這些圖案，會形成 3 D 的效果，就如同看到真的眼睛，進而產生嚇阻作用，得到存活的機會。

3. 隨時都帶著一對大擬眼紋的巨目裳蛾（*Erebus macrops*）。（印尼科摩多）

4 大綠目天蠶蛾遭遇干擾會打開前翅同時露出後翅相當逼真的擬眼紋。（臺灣）

不容易找到的小雙尾蛺蝶（*Polyura narcaea meghaduta*）幼蟲，因頭上的角狀物被暱稱為五角龍。（臺灣）

毛毛蟲到底有毛沒毛？

　　大家心中的毛毛蟲應該全身都是毛。毛毛蟲其實是蝶蛾類幼蟲的統稱，目前台灣紀錄已知的蝶蛾類數千種，光是幼蟲型態就讓人眼花撩亂。其中有些蝶蛾類幼蟲的偽裝術完全不輸給其他目昆蟲，例如最常讓我眼花的是體表有苔蘚色彩的毛毛蟲，牠的外觀根本是樹皮上苔蘚的一部分。如果這隻幼蟲突然移動了，可能會讓人嚇一大跳呢。

　　我最愛的尺蛾類幼蟲，是玩一二三木頭人的高手，牠們會利用腹足牢牢抓住樹枝，假裝自己是樹枝的一部分。我被騙過好幾次，要一看再看才能認出這不是樹枝，而是尺蛾的幼蟲。

　　當然有許多是標準的「毛毛蟲」，例如常在低海拔淺山發現的枯葉蛾幼蟲，身體的顏色與斑紋與樹皮幾乎完全相同，於是很多登山的朋友都會在無意間中獎。我們來剖析一下這些枯葉蛾幼蟲的外觀，其實背後的顏色幾乎都是褐色搭配不同深淺綠色的花紋，身體周圍有整圈的感覺毛。這些毛的功用非常重要，除了可以察覺細微的動靜外，細毛順著身體覆蓋在樹皮上，讓身體的形狀跟樹皮結合增加偽裝效果。這類枯葉蛾被天敵識破時也會反擊，牠們靠近頭部的背後皺褶中藏有祕密武器，在危急時刻，兩叢藍黑色的毒毛會從皺褶中冒出，再以甩身體的方式，使用毒毛做出防衛的攻擊。我曾不小心被毒毛刺到，後果就是紅腫痛癢，大家不可不慎。

1. 曲紋黛眼蝶（*Lethe chandica ratnacri* ）的幼蟲停在葉背，是用逆光的觀察方式找到。
2. 葛藤花朵上的雅波灰蝶（*Jamides bochus formosanus*）幼蟲，旁邊還躲了角蟬的若蟲。
3. 紅斑脈蛺蝶（*Hestina assimilis formosana* ），幼蟲頭上的肉棘與身上的花紋有助於牠的偽裝。
4. 異紋帶蛺蝶（*Athyma selenophora laela*） 幼蟲身上的顏色與肉棘確實幫牠融入環境。
5. 花鳳蝶（*Papilio demoleus* ）幼蟲的外觀如同鳥類排遺，是絕佳的偽裝。
6. 燕裳蛾（*Enispa sp.*）的幼蟲如果沒有移動，就像是真正附著在樹皮上的地衣。
7. 巨大的枯葉蛾（Lasiocampidae）幼蟲體表的顏色與花紋跟樹皮非常相近，沒仔細看不容易看到。（廣西）
8. 蛾的幼蟲緊緊貼著樹枝，真的成為樹枝的一部分。
9. 臺灣微黃尺蛾（*Deileptenia argillacearia* ）身上的花紋與苔蘚融為一體。

假仙生物小百科

翠蛺蝶

非常有趣的「特殊偽裝」。在臺灣北部已擴散開的翠蛺蝶，主要寄主植物是芒果。有次與好友在汐止淺山找尋牠的幼蟲，好友提醒關鍵是「跟樹葉融合為一體」。牠的幼蟲真的跟葉子很像，背後線條如同葉脈，身體兩側綠色細長的肉棘，只要停在葉子中央，背後線條對齊葉脈，自然而然跟葉子融合在一起。

長斑擬燈蛾

蛺蝶幼蟲

假仙生物小百科

為什麼那麼漂亮？

顏色對比鮮豔是一種「警戒色」。在自然環境中，許多生物以有別於掩蔽（偽裝）的方式，以顯眼亮麗的方式，對天敵或潛在捕食者發布視覺警示訊號，例如：我很難吃、味道不好、有毒等，來避免攻擊。如刺蛾幼蟲體表亮麗的顏色，確實相當容易引人注目，但在美麗的外貌下全身充滿毒刺，不要隨便越雷池一步。我曾經不小心碰觸到刺蛾幼蟲，瞬間劇烈疼痛，讓我牢牢記住牠們只能遠觀不可褻玩。

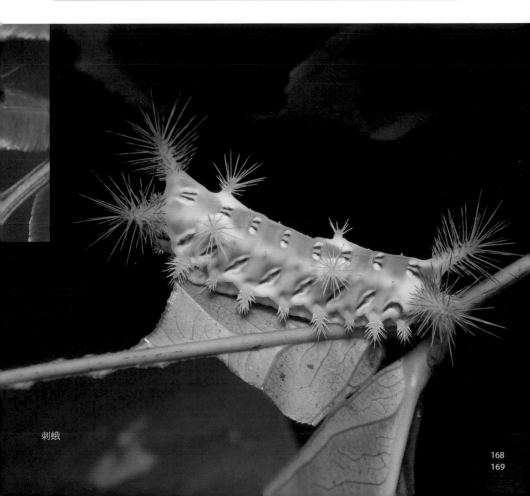

刺蛾

8

爾虞我詐的
象鼻蟲世界

一 鞘翅目

配對成功的小圓斑球背象鼻蟲（*Pachyrhynchus tobafolius*）。

球背象鼻蟲因為鞘翅已癒合，沒有飛行能力只能在地上步行。雖然體型很小，但因為體表有美麗的斑紋與金屬光澤，而受到矚目。台灣目前共有七個種類，分別產於蘭嶼和綠島。

第一次前往蘭嶼協助調查是 2005 年，當時路上還可見到達悟族耆老穿著傳統的丁字褲走往海邊釣魚，或坐在發呆亭休息。我與夥伴騎機車環島挑選樣點擺放陷阱，四處移動時只想著如何找到這些厲害的甲蟲。我幾乎沒有任何資訊，看過的朋友只說：「球背象鼻蟲會突然在面前爬過去，幾乎等於是盲找，但因為牠身上的金屬光澤與線條非常明顯，一定會發現。」我們中午在中橫公路靠近氣象站的樹蔭下休息午餐，看到落葉堆中出現一道反光，心中燃起希望。我緊盯那一個區塊，果然再次出現移動的反光，於是馬上提著相機衝過去，果然是身上布滿圓形斑紋的圓斑球背象鼻蟲。第一次見到傳說中的昆蟲，我拍照時又跪又拜，就像是粉絲見到偶像。牠步行速度相當緩慢，但像個過動兒般絲毫沒有停下的跡象，最後乾脆讓牠爬到手上觀察（當時還不是保育類昆蟲）。

牠身上的花紋有著漂亮的蒂芬妮金屬藍，這些斑紋是由微小的鱗片組成，所以會隨著活動而磨損。記得曾聽好友說過，因為球背象鼻蟲非常堅硬，所以達悟族的年輕男子在成年禮時，必須以拇指與食指捏爆蟲體以代表有力量勝任各種事物。不過蘭嶼耆老表示此為無稽之談，可能是導遊為了跟遊客分享故事而杜撰。

那次在蘭嶼待了五天，幾乎是一天一發現，把五種球背象鼻蟲都看完，都看到好幾次。原本搞不清楚怎麼分辨圓斑與大圓斑，條紋與斷紋，在連續見過幾次後，終於較能掌握辨識重點。最後一天在前往天池的路上發現少見的白點球背象鼻蟲，所謂五個願望一次滿足應該就是這樣吧。

曾有朋友問起球背象鼻蟲為什麼很硬？其實就是為了生存。球背象鼻蟲應該也會是鳥類和攀木蜥蜴等昆蟲天敵捕食的對象。牠走不快，身上具有亮麗光澤，很容易被注意，但因為身體超硬，天敵難以下嚥（Van et al., 2021），或吞下後無法消化，後續再看到這些球背象鼻蟲時可能捕食意願就會降低（Tseng et al., 2014）。

1. 陽光強烈狀態下，翻找食草葉子背面較為容易找到小圓斑球背象鼻蟲。
2. 體表金屬花紋已磨損的大圓斑球背象鼻蟲（*Pachyrhynchus sarcitis kotoensis*）。
3. 數量較少，可遇不可求的白點球背象鼻蟲（*Pachyrhynchus chlorites*）。
4. 產於綠島的碎斑硬象鼻蟲（*Eupyrgops waltonianus*），跟球背象鼻蟲不同屬，但身體堅硬一樣無法飛行。

穆氏擬態
Mullerian mimicry

互相擬態的物種通常具有毒性或不好吃，捕食者只要吃過一次後得到教訓，看到具有相似花紋或警戒色的物種就會避免捕食。蘭嶼許多種球背象鼻蟲，便是以彼此之間那堅硬又帶點藍色光澤的外骨骼，讓天敵好好記住難以下嚥的感覺。

斷紋 -- 如果沒仔細觀察金屬花紋，很難一眼分辨牠就是斷紋球背象鼻蟲
（*Pachyrhynchus nobilis yamianus*）。

條紋 -- 條紋球背象鼻蟲（*Pachyrhynchus sonani*）。

CHAPTER

9

等待獵物上門的三角蟹蛛。

蜘蛛是

自然環境的指標生物－蛛形綱

這隻花蛛（*Ebrechtella* sp.）跟常見的不同，是花色個體，在虎杖的花朵上捕食成功。

蜘蛛是許多人的夢魘，應該是從小就被家庭影響。小時候住在日式平房，最多的是到處跑的美洲蟑螂，第二名則是牆壁上的旯犽（白額高腳蛛）。每當旯犽出現，家人總是說很多沒有科學根據的都市傳說，請出掃把將牠趕走。長大後才知道，旯犽其實是最好的動物，牠會負責吃掉討人厭的蟑螂，如果家裡沒有蟑螂，牠會因為沒有食物而自己搬家（避免餓死）。

我觀察過很多種厲害的蜘蛛，在此先分享兩個很棒的故事。

幾年前常協助田野調查，夜間都選定在尚無開發的雲霧帶森林點燈誘集昆蟲。這類森林多半濕度很高，樹幹樹枝上長滿苔蘚，因為環境自然，夜間出現的昆蟲十分豐富。有次與好友設置好燈光後，站在旁邊聊天，逆光的狀態下，好友的臉是黑的，只有被光線照亮的輪廓光。聊著聊著在他的後腦附近有個物體慢慢降下，由於逆光看不清是什麼，直覺認為是落葉之類，但那物體突然又升高，就這樣上上下下，看起來有點詭異。於是我請朋友不要動，讓我探個究竟。靠近後以順光的角度發現，這是一坨苔蘚。但這樣說不夠精確，應該說是身上背著苔蘚的蜘蛛，原來是少見的地衣鬼蛛。

白天地衣鬼蛛最愛的主場就是長滿苔蘚的環境。

這是一種棲息在霧林帶，喜歡冷涼的溫度，平常不容易見到的神祕蜘蛛。腹部花紋為綠迷彩配色，頭胸部則是黑色與褐色的組合，八隻腳的斑紋為綠色與黑色，全部放在一起，看起來就像一坨完整的苔蘚。這類蜘蛛不同個體體色花紋也會有所差異。牠的習性與一般做網捕蟲的蜘蛛不太一樣，牠的網子在是晚上與宵夜時間才營業，早上天亮，陽光照入森林後會棄網休息，藏身在長滿苔蘚的樹枝上，等待天色變黑再次出動。

　　新北低海拔山區是我常常帶親子觀察活動的地點，通常活動前一天會先去勘景，這次也是為了隔天的夜觀而來。雖然這條步道已走過無數次，但不同季節的生物狀態各有特色，瞭解情況後也更為踏實。與好友兩人走在步道上，蛙類、螽斯、螳螂、馬鹿、蝸牛，出現的都是固定咖。突然好友手電筒停在前方，光線照到的位置出現七彩光澤。那是很大的蜘蛛網，但人面蜘蛛季節還沒到。我們靠過去看網子中間，好友說沒看到蜘蛛，只有一片像是捲起來的枯葉。我脫口說道，難道是枯葉尖鼻蛛！這是常在社群軟體上看到生態愛好者分享的蜘蛛種類，我在東南亞觀察過同屬的物種，在台灣還是第一次見到。成蛛與幼蛛的腹部末端都如同葉梗的形狀，越接近成蛛，腹部末端的葉梗狀突起就越長，顏色也出現差異。眼前個體是不同深淺的褐色、紅褐色與米色組成，基本上跟枯葉的顏色相似，也因而得名。枯葉尖鼻蛛與地衣鬼蛛都是晚上才搭網等獵物自己送上門，白天各自躲在適合的環境，說牠們是夜行性蜘蛛應無不可。但仔細思考，外觀都已是最棒的隱身披風了，白天搭網也可以吧？這是我們的想法，或許在演化過程中，白天搭網的個體都已被掠食者識破當成食物，存活下來的後代，基因密碼裡就寫著日落而做、日出而息的時刻表吧。

　　說到路旁小花最兇狠的獵食者，三角蟹蛛、三突花蛛可說是箇中高手。郊山步道只要沒有使用農藥的環境，通常會有許多大花咸豐草，這是全年開花非常好的蜜源植物，只要天氣狀態良好都可看到不同昆蟲訪花（昆蟲飛往花朵覓食的行為），於是成為蟹蛛、花蛛的用餐好地點。蝴蝶、蜜蜂靠近想要吸食花蜜，卻沒注意到體色與花朵顏色極為相似的蟹蛛和花蛛，一旦靠近花朵就會被埋伏不動的蜘蛛瞬間捕捉。若想拍攝獵捕過程必須有高速攝影機，但只要看過牠們停在花朵旁的姿態，便能猜到一二了。這兩種蜘蛛停在花上時，會將兩隻腳併在一起，看起來像一隻腳，後面四隻腳就像隨時要彈出去，而前面的四隻腳就是打開的爪子，只要有昆蟲靠近，就會快速彈出去抓住獵物，並注入毒液。如果您有機會看到蜜蜂、小甲蟲、蝴蝶掛在花朵下面，太棒了！請仔細觀察是誰抓牠。

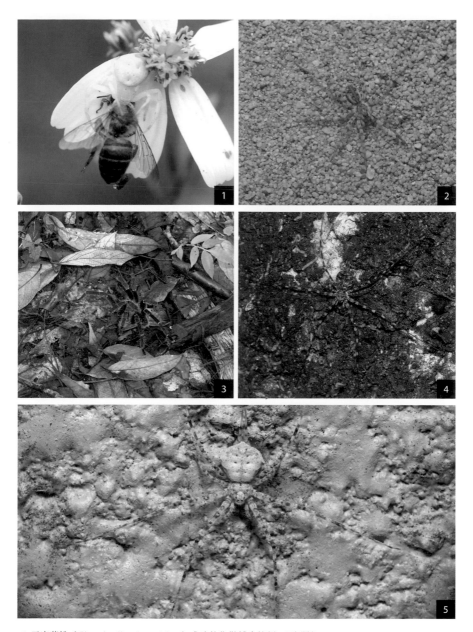

1. 三突花蛛（*Ebrechtella tricuspidata*）成功的偽裝捕食蜂類。（臺灣）

2. 在沙漠環境發現的蜘蛛（Araneae），體色與環境完全相同，這是最強大的偽裝。（澳洲）

3. 捕鳥蛛（Theraphosidae) 擁有非常好的偽裝體色，森林底層的落葉中幾乎看不到他的存在。（泰國）

4. 長疣蛛（*Hersilia* sp.）有多變的體色，這隻綠黑相間的色型在長滿苔蘚的樹幹上簡直完美。（柬埔寨）

5. 長疣蛛（*Hersilia* sp.）有多變的體色，在白色牆面上的白色個體。（臺灣）

1

2

1. 跑蛛（*Pisaura* sp.）如同枯葉碎片的樣貌，等待不知情的獵物經過。（臺灣）

2. 三角蟹蛛最標準的捕捉姿態。（臺灣）

3. 體色跟葉子超像的嫩葉蛛（*Oxytate* sp.）成功捕食麗蠅。（臺灣）

4. 如果在低海拔森林看到一片枯葉掛在空中，不用懷疑，那一定是枯葉尖鼻蛛（*Poltys idae*）。（臺灣）

5. 蚓腹寄居姬蛛跟他的卵囊就像是森林中的枯枝碎屑。（臺灣）

6. 蜘蛛吐絲將葉子蓋成遮風避雨還能隱身的房子是好方法。（越南）

7. 在葉子上的是鳥糞？這是外型超級奇特的瘤蟹蛛（*Phrynarachne* sp.）。（馬來半島）

4

5

6

7

人面蜘蛛（*Nephila pilipes*）八隻腳的關節連接處與腹部的斑點乍看之下沒什麼，但經過研究，發現反光會讓經過的蜜蜂誤以為是花朵而靠近。

假仙生物小百科

攻擊型擬態
Aggressive mimicry

捕食者能夠通過擬態，讓獵物無法察覺到危險，甚至能做到主動地吸引獵物前來，大幅增加捕獲獵物的機會，例如鱷龜、鮟魚都是隱蔽的外觀，但鱷龜藉由舌頭、鮟魚則是頭上特化的釣竿，以吸引獵物靠近。這些部位酷似可口的小蟲，讓小魚們只專注於眼前的大餐，忘記潛在的危險。人面蜘蛛則是以腹部斑點反光，讓蜜蜂以為是花朵而靠近。昆蟲界最有名的蘭花螳螂在當時也被認為是攻擊型擬態，過去多認為蘭花螳螂擬態蘭花，但科學家目前認為牠並不屬於擬態，比較接近偽裝。（O' hanlon et al., 2014）。

藻瓣絨冠躄魚（*Lophiocharon lithinostomus*）有極為偽裝的外觀，牠頭上的衍生物有類似於釣竿的功能，末端如同釣餌，用以引誘獵物靠近再加以捕食。

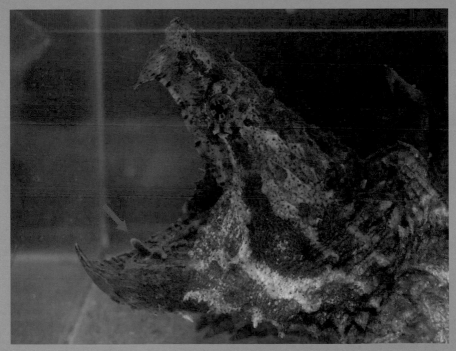

鱷龜（*Macrochelys temminckii*）在水中通常一動也不動，張開血盆大口搖晃舌尖附屬物，吸引小魚小蝦靠近捕食。

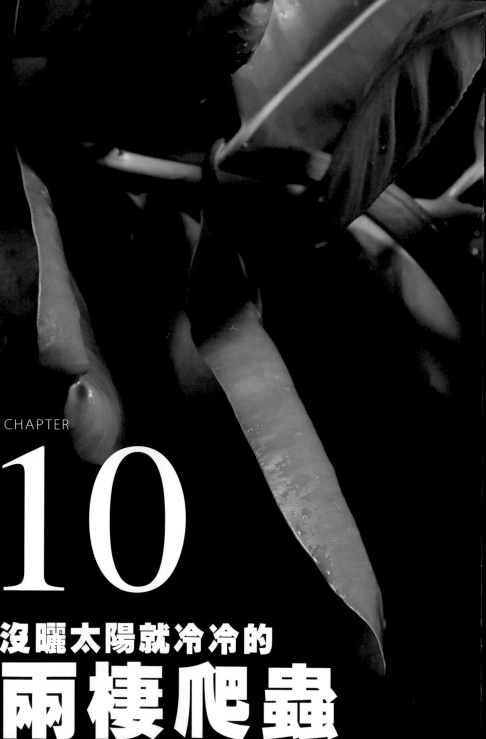

CHAPTER

10

沒曬太陽就冷冷的
兩棲爬蟲

要不是朋友提醒綠瘦蛇（*Ahaetulla prasina*）在我的身後，真的完全沒注意到牠。（馬來西亞）

棕色型的綠瘦蛇與樹枝枯木非常相似。（馬來半島）

蛇蛇蛙蛙捉迷藏

自然觀察的重頭戲，除了昆蟲之外，就是蛙類與蛇類。我帶活動時常跟親子夥伴分享，找到蛇並不容易，因為牠是環境中重要的指標生物，與棲地狀態有很大的關係。如果這個環境施用農藥（例如已禁止使用的除草劑巴拉刈）或其他化學藥劑，雖然除掉礙眼的雜草，但很多無辜的昆蟲會跟著中毒死亡，依靠昆蟲生活的其他動物也會受到影響，而位於食物鏈頂端的蛇類自然無法倖免。即使環境很好，要找到蛙類蛇類也不容易，因為牠們是擁有隱身絕技的森林高手，各有不同的隱身特色，例如綠色、褐色、菱形花紋、線條花紋。

尋找蛙類可運用聽聲辨位的方式，比較容易成功。牠們早上多半躲起來休息，晚上才是主要活動時間，只要是繁殖期就很容易聽到蛙鳴。為了避免被天敵發現，蛙類的外表有許多變化，住在不同位置，體色花紋都會不同。以台灣中低海拔山區常見的腹斑蛙來說，只要森林底層常態積水處、沼澤都有機會見到牠泡在水中。這些地方充滿落葉、樹枝，是最佳的天然掩蔽物。就算聽到牠們發出鳴叫，通常也得多聽到幾次才有機會發現。

自然觀察活動中常有人問：「會遇到蛇嗎？」主因是大部分人害怕蛇類，從都市傳說到鄉野獵奇，有各種穿鑿附會的奇怪故事，例如小時候長輩告訴我：森林裡的蘭花旁邊一定有蛇在看守、蛇會出沒的地方都很陰涼很邪，或是蛇會突然從地上變出來等等毫無根據的說法。等自己真的去過森林，回頭思考才發現，其實這些說法都有跡可循，因為森林有蘭花的環境也是蛇類的棲地，樹冠阻擋強烈的陽光與熱，讓森林底層的溫濕度恆定，自然較為涼快，至於蛇突然出現這件事，其實更為簡單，因為蛇類體表的花紋與顏色，會打破身形樣貌，讓牠融入環境不容易被發現。

為什麼要將蛇跟蛙類放在一起？因為通常有蛙類的地方就會出現蛇類。兩方都是自然環境中的隱身高手，身上的斑紋與顏色各有千秋，畢竟要在森林存活，勢必要擁有與眾不同的特色，例如青竹絲、灰腹綠錦蛇在樹上活動，綠色的外表在枝葉更能融入環境，同樣樹棲的大頭蛇，身上淡褐色搭配深色斑紋，在樹幹、樹枝停棲如同蔓藤類植物，所以又有爛葛藤的俗稱。我跑野外最害怕

1. 跟樹枝外觀完全相同的馬島葉吻蛇（*Langaha madagascariensis*）是當地最有名的蛇類。（馬達加斯加）
2. 毒性強又會彈跳咬人的鎖鏈蛇（*Daboia siamensis*）體色與花紋最適合在落葉底層活動。（印尼科摩多）
3. 青蛇（*Cyclophiops major*）翠綠的體色，常被當成植物的一部分。（臺灣）
4. 褐色型的綠瘦蛇不動的樣子很像樹枝或掉下來的枯葉。（馬來半島）

的毒蛇是龜殼花，之前曾發生朋友的父親在熟悉的土地遭到蛇吻，自己也常在森林中被腳旁的龜殼花嚇出一身冷汗，龜殼花、百步蛇身上塊狀、菱形的斑紋，在落葉枯枝中完全不動的狀態確實打破細長形體，更容易融入環境捕捉獵物。

除了台灣之外，也可以看看其他國家的蛙與蛇，例如在東南亞有一種非常特別的蛙類，但牠並不是青蛙，而是角蟾屬的物種。三角枯葉蛙故名思義，是依照牠的外型、體色直觀的俗稱，吻端與兩眼上方三角狀的突起是最重要的特徵，黃、褐相間的體色，非常適合棲息在雨林底層的落葉堆。目前已知是夜行性動物，白天躲在落葉堆休息，晚上出來捕食小動物，雨季為其繁殖季節，公蛙會發出相當宏亮的鳴叫，聽聲辨位的方式應該能派上用場，但首次找尋讓人吃足苦頭。夜晚的雨林非常精采，是夜間動物音樂會，下雨後更是熱鬧，遠遠就聽到三角枯葉蛙的鳴叫。我們跨過木棧道，朝聲音的方向躡手躡足前進，走到距離約五公尺處，基本上已能鎖定牠的位置了，但牠一直不再發出鳴聲，我們也不敢貿然前進，就這樣僵持著。我一邊等待，一邊搜尋牠的身影，這時腳下傳來陣陣劇痛，是什麼咬我？竟然是大型螞蟻，由細長體態推測應該是針蟻那類。我跟朋友逃難似的跑到溪流邊用溪水清理，這時腳邊的枯葉突然跳開，竟然是三角枯葉蛙，真是得來全不費功夫，我與朋友馬上拿起相機跪倒在溪畔，拍下夢寐以求的生態照。

既然聊到國外的蛙，當然也要講講關於蛇的事。東南亞雨林的四大飛天寶貝：飛蜥、飛蛙、飛守宮，另一個就是飛蛇。其中最難找的是俗稱飛蛇的金花蛇。雖然這幾種都住在高處，身上都披有跟環境相似的隱身披風，但飛蛇是另外三種的剋星，自然要比牠們棋高一著。牠的外觀花紋是紅綠黑白黃五色組成的超級馬賽克紋路，只要進入層層樹葉的環境中，體色就能發揮掩人耳目的功能，讓食物們乖乖就範。順便解釋一下這些飛天寶貝為什麼會「飛」，飛蛙與飛守宮都是因為腳趾有特化的蹼，遭遇危險時從高處跳下，四腳張開加上大面積的蹼增加空氣阻力，可在空中滑翔一段距離。飛蜥與飛蛇算是冤家，在國際生態頻道曾看過一段精采的畫面，飛蛇是飛蜥的天敵，一個追一個跑，飛蜥從樹上跳下求生，飛蛇跳下追趕。兩者飛的功能同樣都是肋骨特化，只是方式不同。飛蜥往下跳時，肋骨打開撐起皮膜形成翅膀的樣貌，可滑翔一段距離，飛蛇則是爬到高處後，使用肌肉將身體壓扁，彈射出去，再以搖擺身體的方式控制方向。這幾種動物體表就已經是非常厲害的偽裝了，卻還各自特化出「飛」的絕技，要在森林混口飯吃真的很不容易！

1. 只能看到發亮的眼睛，苔蘚蛙是個人看過絕對極致的偽裝之一。

2. 三角枯葉蛙棲息在豐厚落葉的雨林底層，枯葉外觀就是最好的安全保障。（馬來半島）

3. 多刺潤蟾（Ansonia spinulifer）的體色搭配許多疣狀突起成為雨林底層最像腐葉的裝扮。（婆羅洲沙巴）

4. 看到原趾樹蛙（Kurixalus sp.）了嗎？找一找。（越南）

5. 華麗穴居蛙（Platyplectrum ornatum）的體色已經與棲息環境相同，但他還會躲在沙中讓自己完全消失在環境中。（澳洲）

6. 越南趾溝蛙（Rana johnsi）在落葉環境中有絕佳偽裝的體色與花紋。（越南）

何謂擬態 ？

　　擬態的英文為 Mimic。生物要在環境中存活，或多或少都有一套躲避天敵的能力，不被發現或被看錯都非常符合祕密客字面上的解釋。自然環境中，A 是模仿者（騙人），B 是訊號接收者（被騙），C 是被模仿者。被騙的冤大頭 B 會搞不清楚模仿者 A 和被模仿者 C 之間的差別，而騙人的模仿者 A 會因此獲得好處。這種剪不斷理還亂的關係就是擬態最基礎的概念。

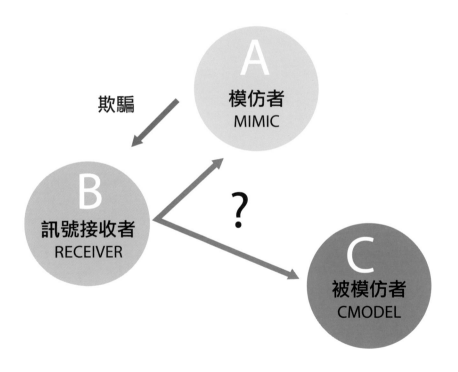

　　以比較狹義的解釋來說，有些科學家認為：物種 A 與物種 B 都必須是動物，才能稱得上是擬態；而以比較廣義來解釋的話，物種 B 不一定得是動物，可以是植物、甚至是沒有生命的岩石或沙礫。

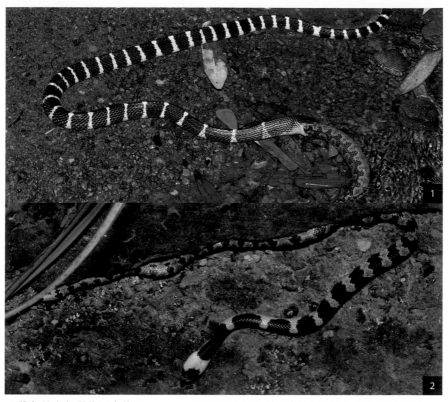

1. 體色黑白相間的雨傘節 (*Bungarus multicinctus*) 是臺灣最毒的蛇，連龜殼花 (*Protobothrops mucrosquamatus*) 都成為牠的食物。（臺灣）
2. 白梅花蛇黑白相間的體色，乍看之下很像雨傘節。（臺灣）

假仙生物小百科

貝氏擬態 Batesian mimicry

成語「狐假虎威」的故事，假裝成比自己更強大的動物來欺騙其他生物，相當符合貝氏擬態的本意。被擬態的物種 B 通常具有顯著的警戒效果，擬態物種 A 的外觀與花紋排列與被擬態物種 B 極為相似，藉以嚇阻天敵。例如：雌紅紫蛺蝶的翅膀紋路與有毒的樺斑蝶非常像，常見的虻類外觀有黑黃條紋，乍看之下與胡蜂無異。無毒蛇類也會模仿有毒蛇類的外觀，如白梅花蛇與雨傘節、擬龜殼花與龜殼花。

遭遇干擾或危險時，魔蜥選擇趴低身型保持低調。

刺刺王 - 魔蜥

當你全心全意想完成某件事的時候，常常會有種不可思議的超能力，讓想做的事水到渠成。2017 踏上澳洲後，我在臉書發文敘述想找到兩種超級神奇寶貝，分別是澳洲魔蜥蝪與沃瑪蟒蛇，好友便起哄要有祭品文，於是許下「如果找到這兩種超級神奇寶貝，就在澳洲拍攝裸奔影片」。後來跟在地朋友討論才知道，單是要找到其中一種就已經夠難了，這個裸奔祭品文實在很沒說服力，應該要加碼才對。

前往澳洲西部前我先查詢魔蜥的相關資料。牠主要棲息在澳洲中西部乾燥地區，環境以砂質土壤為主，以螞蟻為食。資料照片顯示牠的體表為多種不同顏色色塊組成，容易融入棲息環境，讓天敵很難發現。我從布里斯本飛抵伯斯，坐上好友的車，一路奔向 800 公里外的鯊魚灣，此行主軸在於尋找各種沙漠環境棲息的爬蟲與節肢動物。由於路途遙遠，我與好友輪流開車，途中聊起要怎麼找到魔蜥，好友露出神祕的笑容說：「邊開車邊找！」雖然心中認為不用步行觀察很輕鬆，但在這條看不到盡頭的公路，時速保持在 80 到 100 公里，是要如何找到體長 20 公分左右，還具有偽裝體色的魔蜥？

換手後我在副駕駛座進入半夢半醒的狀態，突然意識到車輛減速，好友在旁大喊：「找到了找到了！」車子停好後，好友快速下車拿相機，繞到距車尾約 10 公尺處，開始跪趴在地上拍攝。但我怎麼也看不到他在拍攝的對象，直到好友伸手指出魔蜥的頭部，才驚覺牠真的可以完全隱身在棲地中。我們拍攝時，牠呈現趴下的姿態，一段時間後察覺沒有危險，便開始起身移動。根據我現場觀察數隻不同個體，確認牠移動的速度可用慢郎中來形容，還好體色可以融入棲地，加上外表都是摸到會痛，又尖又硬的棘刺，想像天敵若要吃牠，應該只能將牠翻過來從柔軟的腹部下手吧。往後幾天的行程又找到好幾隻，同時發現路殺個體，這段高速公路將牠們的棲地分成兩邊，可惜魔蜥的外表偽裝、假頭、棘刺，在這條路上絲毫起不了保護作用。

1. 魔蜥（*Moloch horridus*）守候在螞蟻出入的洞口旁，享受自己送上門的美食。（澳洲）

2. 趴低身型後的魔蜥，可明顯看到頭部後方的假頭。

3. 澳洲西部筆直的公路，車速都在 80 公里以上，很難注意到路面有小小的魔蜥。

4. 眼睛上方有各有一根巨大的棘狀突起，加上頭部後方的假頭，是魔蜥最大的外表特徵。

外表像苔蘚的短角變色龍（*Calumma brevicorne*）發現我們後便橫向移動到苔蘚上。（馬達加斯加）

變色龍與葉尾守宮誰比較厲害？

　　馬達加斯加（以下簡稱馬島）是我在 2014 年規劃跨出亞洲計畫的第一站。選定馬島的主因有幾項：世界第四大島，特殊的地理環境與生物相，島上生物超過 90% 是特有種。雖然位於非洲，第一批住民卻是來自印尼的加里曼丹，島上共有 18 個原住民種族，人文、地理與生態都有無可取代的特色，於是在 2015 年 3 月踏上這片美麗的土地。當時設定主要拍攝目標之一為變色龍，因為一般看到變色龍的地點不是動物園就是爬蟲店，在台灣還能在旗津的海岸林看到外來的高冠變色龍，至於為什麼這又是另一個故事。回到重點，既然來到變色龍最大的產地，當然跟嚮導交代要一路看到飽為止，於是這個誰比較厲害的故事就開始了。

　　大家都認為變色龍的外觀就像電視某些廣告，真的可以變得跟所處環境一模一樣，達到隱身效果。但我實際在其原生環境觀察，並未如想像中神奇。為何這樣說，我們先來看一下變色龍的變色機制。經過研究，變色龍的皮膚上有多層色素細胞（又稱為色素體），色素細胞並非變色龍獨有，亦出現於兩棲動物、魚類、爬行動物、甲殼動物以及頭足綱動物，是一種含有生物色素的細胞。色素細胞經由神經刺激，使得色素在各層之間交融變化，以達成體色的多種變化。這樣說來變色龍應該相當厲害，但其實在森林環境中並不難找，我認為是因為牠的外觀型態過於特別，很難靠體色騙過人類。

　　但牠的變色機制什麼時候會發生？當靠近想要拍照或與夥伴靠近觀察，讓變色龍感受到壓力，想威嚇、反抗或生氣狀態會讓體色快速變深變暗，當人離開至一定距離，牠的體色就會慢慢恢復。我曾幸運發現兩隻變色龍爭鬥現場，展現主場姿態的變色龍全身顏色變得非常鮮艷，不斷對入侵者施以威嚇與攻擊，待事件結束後才緩慢變回原本顏色。

變色龍是日行性，白天會依照體型大小分布在樹冠不同位置。傍晚太陽下山後，再各自往下移動，找到合適的樹葉或枝條休息，這時身體的顏色會變得如同樹葉或樹枝的顏色融入環境，來減少被天敵發現的機會。

此刻，意料之外的超級偽裝生物出現了！我已來到馬達加斯加東部的曼塔迪亞國家公園近一週，每天都在森林遊走，拍到的生物多到讓人眼花撩亂，其中非常值得一提的是地衣葉尾守宮。那天上午一行人在步道搜尋生物，前方的當地生態嚮導突然大聲呼喚，我們小跑步到他身旁，只見他興奮地指著樹幹，重複說這裡有守宮。說正經的，我跟夥伴看到眼睛快脫窗，除了樹幹上灰白的地衣苔蘚，其他什麼都沒看見。但嚮導說得斬釘截鐵，我們只好再往前確認，友人碎念：「樹幹除了某個位置有點突起外，根本沒東西。」當我聽到「突起」這個關鍵字，馬上朝該方向更仔細搜尋，果然某個突起的位置有類似眼睛的反光紋路，再仔細看，終於看清楚整個形狀，是守宮的眼睛，樹幹上整個突起就是一隻守宮！現場看傻眼的我，不禁讚嘆這種守宮竟然能找到與體色如此相近的樹皮，惟妙惟肖地成為樹皮的一部分。此時，大概是後面來的觀光客看不清楚（找不到）而過於靠近，守宮突然仰起頭，四腳站立將自己撐起來，並瞬間轉變體色。原來不是牠找到與體色相似的樹枝，而是藉由變色細胞改變自己的體色融入樹枝，真是個超級偽裝高手。

不過，上述兩位高手雖然屬害，卻還不是馬達加斯加的偽裝天王。撒旦葉尾守宮有著三角型頭部，雙眼虹膜如同電影《魔戒》中的「索倫之眼」，散發出惡魔的氣息，外表卻十分低調，經過的昆蟲小動物稍不留意就會被一口吞掉。牠棲息於尚未開發的古老森林，濕度非常高，樹枝上掛著落葉，枯葉提供苔蘚和真菌良好的生長環境。這種守宮的外觀則跟落葉一模一樣，苔蘚、真菌、破孔，無一不像，甚至連掛在樹枝上的姿態也完全模擬，而且就算靠近拍攝牠也不為所動，完美演出一片枯葉該有的形象。當地的生態嚮導提到，本種從卵中孵化後，隨著每次脫皮長大，體表的顏色與花紋也跟著轉變，會與棲地樣貌越來越相似。若有機會到馬達加斯加一遊，可別忘了仔細瞧瞧掛在樹枝上的枯葉，那雙索倫之眼可能正瞪著你呢。

1. 看得出來有隻藍腿變色龍正在睡覺嗎？（馬達加斯加）
2. 晚上休息的變色龍，體色好位置對，完全達成隱身的作用。（馬達加斯加）
3. 奧利士變色龍斑駁的體色跟樹枝完全相同，連我都差點被騙過。（馬達加斯加）
4. 變色龍（*Calumma glawi*）找到葉子的缺口睡覺，整體形狀顏色都完美的偽裝。（馬達加斯加）

5

6

1. 一開始我真的找不到地衣葉尾守宮（*Uroplatus sikorae*）在哪裡，您看到了嗎？（馬達加斯加）

2. 撒旦葉尾守宮外表像是長滿霉斑的枯葉，還露出血紅色的眼睛。（馬達加斯加）

3. 飛蹼守宮的體色跟樹皮非常相似，若不是跑出來捕食昆蟲，真的很難見到。（馬來半島）

4. 地衣葉尾守宮的體表有許多突起，還有變色細胞，整個頭部下方是一片薄薄的皮膜，讓他更能與環境融合。（馬達加斯加）

5. 看得到枯葉偽裝大師木紋葉尾守宮（*Uroplatus lineatus*）嗎？（馬達加斯加）

6. 就算我們已經在站旁邊觀察，巨型葉尾守宮還是不動如山的假裝樹皮。（馬達加斯加）

CHAPTER

11

要狠要毒又要隱身——
海中怪客

水下最特別的豆丁海馬完全融合在珊瑚中。

水下
偽裝術

關於水下的一切，有太多讓人覺得不可思議的偽裝，這些融入環境的方式與能力，比起陸地上的動物有過之無不及，不管是你看到的到底是什麼？再仔細看清楚！

1. 可以隨心所欲轉換體色成為礁岩的一部分是豹斑章魚（*Hapalochlaena maculosa*）除了劇毒之外的大絕招。（臺灣）

2. 藻瓣絨冠鼬䲁魚（*Lophiocharon lithinostomus*）只要不動就成為礁岩的一部分。（臺灣）

3. 個人見過海中最迷幻的生物之一肯定有油彩蠟膜蝦（*Hymenocera picta*）。（臺灣）

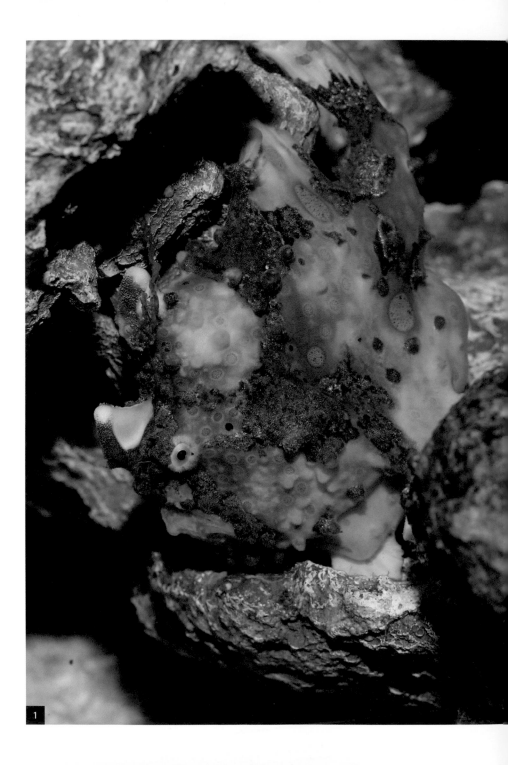

1. 俗稱五角虎的大斑躄魚（*Antennarius maculatus*），主要偽裝為鮮豔的海綿或珊瑚。（臺灣）
2. 隨著海流搖晃的枯葉其實是圓眼燕魚（*Platax orbicularis*）的幼體。（臺灣）
3. 俗稱「濟公」的帆鰭鮋（*Ablabys* sp.）美麗的背鰭就像枯葉或海草跟著海流擺動。（臺灣）
4. 與海星共生的海星蝦（*Zenopontonia* sp.）完美的融入。（陳怡婷拍攝）

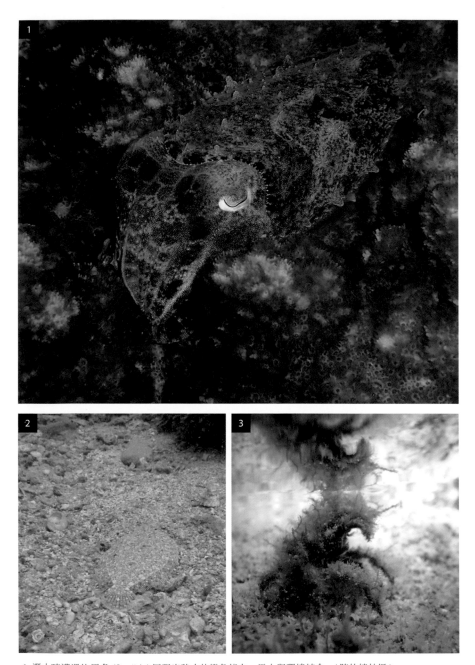

1. 潛水時遭遇的墨魚 (Sepiida) 展現出強大的變色能力，馬上與環境結合。（陳怡婷拍攝）
2. 物表的顏色與花紋跟砂質環境融為一體的比目魚 (Pleuronectiformes)。（臺灣）
3. 如果不跟你說，看得出來這坨海藻其實是併額蟹 (*Tiarinia* sp.) 嗎？（日本）

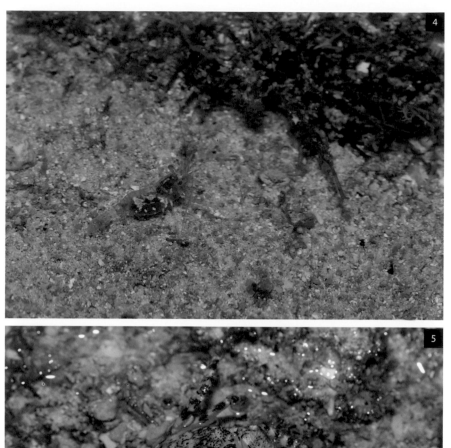

4. 全身呈現透明的蝦子 (Decapoda)，只要停著不同就是最強大的隱身。（日本）

5. 覓食中的粗糙酋婦蟹（*Eriphia scabricula*）體表的花紋巧妙地與海藻結合。（日本）

說到海中生物的偽裝術，比起陸地生物可不遑多讓。但身為住在陸地上的人類，對於海中生物的了解相對少，以致於每次觀察時都會以為自己眼花，等真的看清其真面目時，才是驚訝、興奮、好奇、開心等各種心情交雜，怎麼可能布滿鈣藻的岩石是一隻魚，奇形怪狀的海底垃圾是螃蟹！這些讓人訝異的超強偽裝生物，有很多在潮間帶就能觀察到，跟我一起大開眼界吧。

怪手怪腳怪螃蟹

大概十多年前，某次好友向我展示螃蟹標本，其中一隻細細長長、長相怪異的種類引起我的注意。好友說這是出名的偽裝高手：鈍額曲毛蟹。當時除了認為這個很怪異很吸睛外，並不認為牠有多厲害，直到在潮間帶看到活生生的本尊，才驚覺牠可以在不同環境改變外觀，是真正厲害的隱身大師。

有段時間經常跑龍洞浮潛，那邊潮間帶的生物非常豐富，我經常在退潮時造訪。有次是晚上退到低潮，我與好友觀察潮池生物，最多的是寄居蟹，還有可以短暫離水的 魚，梅氏長海膽與魔鬼海膽數量亦不少。突然腳邊有顆石頭動了一下，那是深褐、灰白相間石頭，表面有些塊狀物與細短的藻類，我原本以為是海浪拍打讓它移動，不以為意，但越發覺得奇怪，這石頭怎麼好像有腳？突然海水再度打上來，我親眼看到石頭變形，一隻一隻腳伸出來，露出山形的身體，順著海水就這樣跑了，等我想去追的時候，牠已經回到海中無法找尋。回家後開始查這種螃蟹的資料，原來我看到的就是鈍額曲毛蟹，活生生的樣貌與標本真的天差地別。牠細長的腳搭配頭胸甲的樣貌頗像蜘蛛，又有蜘蛛蟹的別稱。雖然有螯足，卻不像其他螃蟹可用來攻擊與防衛，反而比較像是夾食物的筷子。這類螃蟹生活在水下 10 到 30 公尺深的岩石環境，螯足的主要功能是將環境的生物如海綿、海藻剪下，固定於頭胸甲與步足的鉤狀剛毛，如此一來只要不動就能融入成為環境的一部分。牠還有一個大絕招，萬一不管怎麼做都無法擺脫干擾，便會將五對足都緊緊收起，變成隨波逐流的自由物體，直到干擾解除。原來我們在潮間帶看到的外觀是牠精心偽裝。由於牠變裝的特殊生態習性，所以又稱偽裝蟹。

1. 這個奇形怪狀的物體就是鈍額曲毛蟹，他將黃色海綿拆了，全部裝在身體上，要不是看到一雙眼睛，真的很難相信是螃蟹。

2. 全身密密麻麻的勾狀剛毛，可組裝各種偽裝外觀的物體。

3. 很多朋友看了這張照片都說是卡通海綿寶寶中的主角之一蟹老闆真實版！

菜市場的攤販偶爾可以見到一種長相醜陋的魚，魚販都說這叫石狗公，有時會有新手媽媽不解詢問：「這魚那麼醜好吃嗎？」石狗公雖然大眼大嘴尖牙，體表許多肉棘，背鰭還有可怕的神經毒刺，但肉質鮮美，真正懂的饕客與有經驗的婆婆可是趨之若鶩，先買先贏。石狗公是一種鮋科魚類，也是鮋科多種魚類的俗稱。牠們生活在礁岩區底層，有時在潮池也可發現，只是要從環境中將牠找出來，可沒有那麼容易，因為牠的外觀就是礁岩。鮋科的魚通常都是大眼與大嘴，靠著與環境相同的模樣，讓許多小魚小蝦毫無戒備地靠近，此時牠會發動突襲，瞬間張開血盆大口將之吞下。

　　有段時間為了孩子想養魚，我常跑水族館，當時都會在海水區特別停留，其中最吸引我是假綿羊蝦，當時心中有兩個疑問，外觀那麼特別的蝦類，是棲息在海裡的哪裡？為麼叫做假綿羊蝦？牠的學名為 *Saron marmoratus* ，種小名的意思為大理石般的花紋，英文別名為 marble shrimp 完全符合學名的意思，中文名稱為花斑掃帚蝦，無論是學名、別名都跟牠的外觀非常貼切。一位朋友告訴我，這是水深大概 1 到 3 公尺的潮間帶容易觀察到的種類，好幾次浮潛時想順便觀察，卻無論如何都找不到，後來想找蝦子還是晚上比較容易。於是選了一天退潮的夜晚，來到熟悉的東北角海岸，果然發現假綿羊蝦都在礁岩上活動。假綿羊蝦體表複雜的花紋，是由紅棕、淡綠為底色，搭配帶著邊框的圓斑，還有身上不規則狀的細毛，形成極佳的偽裝，讓牠們與棲息環境中的藻類融為一體。牠們除了身上完美的偽裝外，一旦遭遇干擾，便會停止所有動作，開始與水流一起飄動，如同真的藻類，直到警報解除為止。

鮋科魚類生活在礁岩區底層，外觀和是礁岩融為一體，要從環境中將牠找出來，可沒有那麼容易。

假綿羊蝦身上有各種不同顏色的斑點，在潮間帶長滿鈣藻與海藻的礁岩可達成最好的隱身效果。

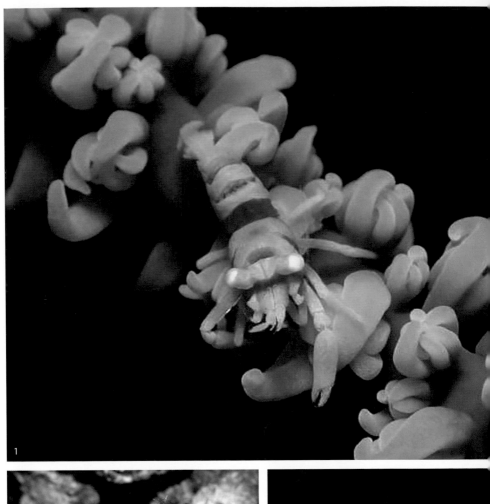

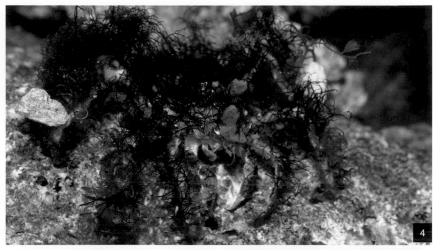

1. 要仔細觀察才能發現與海鞭海葵共生的海鞭蝦（*Pontonides* sp.）陳怡婷拍攝（臺灣）

2. 原先不動的時候還以為是海中的岩石或貝殼，伸出腳開始活動才看出是一隻單刺互敬蟹（*Hyastenus uncifer*）。（臺灣）

3. 崎形真寄居蟹（*Dardanus deformis*）除了有螺貝類的殼當房子，還帶了具有毒性的海葵當保鏢，這是最極致的安全保護。（臺灣）

4. 身上裝滿紅色海藻的鈍額頭曲毛蟹是不是像一坨海洋廢棄物？（臺灣）

5. 原以為是海藻，直到發現他在移動，才認出是單刺單角蟹（*Menaethius monoceros*）。（臺灣）

6. 達氏長樂蟹（*Thranita danae*）的體色在對的環境就有隱身的效果。（臺灣）

偽裝 X 變身雙重能力的致命殺手

　　多年前曾在社群軟體看到一張照片，澳洲有人將一隻章魚放在手上拍照，那隻章魚深棕色的體表有許多藍色環狀花紋，我心想這不是號稱全世界最毒的動物之一，藍環章魚？牠的河豚毒素目前尚無血清，萬一被咬到注入毒液，恐怕就無藥醫了。原以為這樣的藍環章魚離我很遠，但某次與好友到潮間帶觀察，才發現台灣也有這種章魚，而且數量並不少。

　　有次在東北角潮間帶夜間觀察，當晚的物種狀況非常好，潮池有蠻多生物。我看著前方的螃蟹忙著覓食，螃蟹旁邊好像有個小小的物體，順著海水拍打上的水移動著。那是一個感覺小小軟軟的物體，有觸手，當時心想該不會是陽隧足吧？好奇心讓我起身前往確認。奇怪，都是礁岩，剛剛那個會動的物體呢？該不會是我眼花吧？手電筒掃到旁邊潮池發現，那坨物體正在移動，移動時的腳狀物（又像觸手）超過五隻腳，這不是陽隧足。使用燈光靠近看後，該物體突然快速移動，竟然是一隻小小的章魚，讓人訝異的是牠的外觀竟然不停變化。印象中的章魚體表應該相當光滑，眼前的牠竟然有許多不規則肉棘，而且移動時體色因環境不同而跟著改變。當牠停下時，稍微靠近拍攝，體表的藍色斑開始閃爍，如同真正藍寶石，這是我第一次接觸看到如此美麗又變化多端的章魚，非常開心，後來查資料才知道，原來拍攝的是台灣也有分布的豹斑章魚（藍環章魚）。對於一般人來說，章魚是餐桌上的佳餚，外觀就是巨大光滑的頭部（身體）與八隻腳，除了知道牠有一定的智商、平常躲在岩縫隱蔽處、遭遇危險噴墨汁之外，鮮少有人知道其他的生態習性。這次親眼見到小小的豹斑章魚，牠不僅是地球上最致命的動物，竟然還有變色與變形的偽裝能力。大家如果到海邊玩，奇形怪狀的礁岩可以多觀察一下，或許就是牠喔。

三十六計走為上策，逃之夭夭也是非常好用的保命方式。

1. 在礁岩上的變色變形技能，看看原本光滑的外表，突然間長出許多肉棘。

2. 靠近礁岩底部的珊瑚沙，外表馬上開始變色。

3. 其實如果不是因為超級毒沒藥醫，豹紋章魚仔細看還蠻可愛。

4. 被發現後（我們太靠近拍攝），體表馬上變身讓金屬藍色更加顯眼。

假仙生物不簡單

　　這本書從 2007 年在泰北清邁發現神祕棘蟲，引發對於擬態、偽裝生物的觀察興趣，直到今天將書的內容整理完成已經醞釀 15 年，對於自然生物的知識也從腦補到一知半解，進化到現在對於科學態度的堅持。這都是因為對於大自然的一切有太多好奇與求知的渴望，才能慢慢累積與改變自己。養成自然觀察的習慣後，繽紛的生命為我帶來源源不絕的靈感。很多人以為，一定要在深山野嶺才能找到生物，但事實並非如此。觀察這件事，是一種習慣與態度，都市的公園綠地、社區花圃、家裡牆角，只要願意停下腳步，那怕是一隻小蟲、一棵小草，都能發現有趣的生命故事。物種是否稀奇？什麼名字？都只是觀察的一小部分，最重要的是觀察過程，留下多少漣漪在心中。這本書寫滿我與各種假仙生物的觀察與相遇的經驗，並整理出這些生物在大自然中可能的樣貌，再以自己觀察時最重要的幾種方式寫明，希望藉由本書，帶領大家進入演化世界中最有趣的擬態偽裝世界，了解這些生物的存活策略！只要好好守護自然環境，所有的朋友們都能成為厲害的擬態偽裝生物觀察達人。

　　21 世紀的地球，隨著開發利用造成環境變遷，森林砍伐和海洋汙染讓各種生物以超乎想像的速度消失！在我認知的自然世界中，每年都有許多新的物種被發現與描述，但還沒被找到就消失的物種可能更多。而本書所提到的各種生物，牠們身上極致的偽裝，是與當地環境跟生物共同演化的結果，然而一旦棲地環境遭到破壞，這些美好的事物將不復存在。還記得 2003 在泰國清邁的維安帕寶保護區，第一次看到村莊中那棵拔地而起的高大樹木，樹上許多鳥類活動，亦在樹上找到各種昆蟲，心中不斷讚嘆並留下影像，隔年舊地重遊發現樹木已被砍斷。人類對自然環境的開發利用從未停止，即便是撰寫本書的同時，世界各地正有許多的美好，就像那棵大樹一樣悄悄逝去。而我能做的就是為後代留下這些生物珍貴的瞬間，並期望喚起大眾對於自然保育的關心

　　本書能順利完成，特別感謝國立中山大學生命科學系顏聖紘教授，學務繁忙之際為本書內容資料審定把關。另感謝國立臺灣大學生物資源暨農學院榮譽教授楊平世老師和國立自然科學博物館詹美鈴研究員撥冗作序。

類群鑑定致謝：

竹節蟲目：Francis Seow Choen

雙翅目：黃千育　直翅目：陳柏緯　　螳螂目：林偉爵

半翅目：陳振祥、鄭勝仲（隨想）、蔡經甫

角蟬目：丸山宗利　　鱗翅目：林翰羽、施禮正　蜘蛛：羅英元

鞘翅目：何彬宏、謝瑞帆、胡芳碩　　兩棲爬蟲：游崇瑋、李偉傑

螃蟹蝦類：李政璋　水中生物：何宣慶、周銘泰、陳映伶

生態照協力：鄭明倫、陳怡婷、陳燦榮

　　十多年來在各地雨林奔走，因有同行夥伴包容與友人不時支援，才能一路順利，各位都是我的貴人，在此向最棒的探險夥伴致上謝意：（依姓氏筆畫順序排列）蘇自敏、黃一峯、廖智安、鐘云均、張世豪、張書豪。三立「上山下海過一夜」主持夥伴與劇組以及最親愛的家人母親曾秋玉女士、內人學儀、兒子于哲，謝謝您們對我全力支持！如果有任何問題，可搜尋「熱血阿傑」或shijak0526，即可找到專屬頻道與網頁介紹。謝謝！

參考資料與書目：

Barnor, J. L. (1972). Studies on Colour Dimorphism in Praying Mantids (Doctoral dissertation, University of Ghana).

Chiao, C. C., Wu, W. Y., Chen, S. H., & Yang, E. C. (2009). Visualization of the spatial and spectral signals of orb-weaving spiders, Nephila pilipes, through the eyes of a honeybee. Journal of Experimental Biology, 212(14), 2269-2278.

Edmunds, M. (1974). Defence in animals: a survey of anti-predator defences. Longman Publishing Group.

Marshall, D. C., & Hill, K. B. (2009). Versatile aggressive mimicry of cicadas by an Australian predatory katydid. PLoS One, 4(1), e4185.

Nickle, D. A. (2012). Synonymies of wasp-mimicking species within the katydid genus Aganacris (Orthoptera: Tettigoniidae: Phaneropterinae). Journal of Orthoptera Research, 21(2), 245-250.

O' hanlon, J. C., Holwell, G. I., & Herberstein, M. E. (2014). Predatory pollinator deception: Does the orchid mantis resemble a model species?. Current Zoology, 60(1), 90-103.

Pierce, N. E., Braby, M. F., Heath, A., Lohman, D. J., Mathew, J., Rand, D. B., & Travassos, M. A. (2002). The ecology and evolution of ant association in the Lycaenidae (Lepidoptera). Annual review of entomology, 47(1), 733-771.

Tseng, H. Y., Lin, C. P., Hsu, J. Y., Pike, D. A., & Huang, W. S. (2014). The functional significance of aposematic signals: geographic variation in the responses of widespread lizard predators to colourful invertebrate prey. PLoS One, 9(3), e91777.

Van Dam, M. H., Cabras, A. A., & Lam, A. W. (2021). How the Easter Egg Weevils Got Their Spots: Phylogenomics Reveals Müllerian Mimicry in Pachyrhynchus (Coleoptera, Curculionidae). bioRxiv, 2021-01.

18

假仙生物日記簿

作者	黃仕傑
企劃選書	辜雅穗
美術設計	黃一峯
總編輯	辜雅穗
總經理	黃淑貞
發行人	何飛鵬
法律顧問	台英國際商務法律事務所　羅明通律師
出版	紅樹林出版
	台北市民生東路二段 141 號 7 樓
	電話：(02)25007008　傳真：(02)25002648
發行	英屬蓋曼群島商家庭傳媒股份有限公司城邦分公司
	台北市中山區民生東路二段 141 號 2 樓
	書虫客服服務專線：(02)25007718・(02)25007719
	24 小時傳真服務：(02)25001990・(02)25001991
	服務時間：週一至週五 09:30-12:00・13:30-17:00
	劃撥帳號：19863813　戶名：書虫股份有限公司
	讀者服務信箱 email：service@readingclub.com.tw
	城邦讀書花園：www.cite.com.tw
香港發行所	城邦（香港）出版集團有限公司
	地址：香港灣仔駱克道 193 號東超商業中心 1 樓
	電話：(852)25086231　傳真：(852)25789337
	email：hkcite@biznetvigator.com
馬新發行所	城邦（馬新）出版集團 Cité(M) Sdn.Bhd.
	41, Jalan Radin Anum, Bandar Baru Sri Petaling,
	57000 Kuala Lumpur, Malaysia.
	email：cite@cite.com.my
	電話：(603) 90578822 傳真：(603) 90576622
印刷	卡樂彩色製版印刷有限公司
經銷商	聯合發行股份有限公司
	電話：(02)29178022　傳真：(02)29110053

2023 年（民 112）7 月初版　Printd in Taiwan
定價 630 元　ISBN 978-626-96059-5-8

城邦讀書花園　www.cite.com.tw

國家圖書館出版品預行編目 (CIP) 資料

假仙生物日記簿 / 黃仕傑著 . -- 初版 . -- 臺北市：紅樹林出版：英屬蓋曼群島商家庭
傳媒股份有限公司城邦分公司發行 , 2023.07
　 224 面；14.8*21 公分
ISBN 978-626-96059-5-8(精裝)

1.CST: 動物行為

383.7　　　　　　　　　111020040